Das Verhalten gasförmiger Alkalien in Kohlenstaubfeuerungen – experimentelle und thermodynamische Betrachtungsweise

Von der Fakultät für Energie-, Verfahrens- und Biotechnik der Universität Stuttgart
zur Erlangung der Würde eines Doktors der Ingenieurswissenschaften (Dr.-Ing.) genehmigte
Abhandlung

Vorgelegt von
Heiko Schürmann
aus Lüdenscheid

Hauptberichter: Prof. Dr.-Ing. K.R.G. Hein
Mitberichter: Prof. Dr.-Ing. H. Seifert

Tag der mündlichen Prüfung:
4. Februar 2011

Institut für Feuerungs- und Kraftwerkstechnik, IFK
der Universität Stuttgart
2011

Bibliografische Information der Deutschen Nationalbibliothek
Die Deutsche Nationalbibliothek verzeichnet diese Publikation in der Deutschen Nationalbibliografie; detaillierte bibliografische Daten sind im Internet über http://dnb.d-nb.de abrufbar.
1. Aufl. - Göttingen : Cuvillier, 2011
Zugl.: Stuttgart, Univ., Diss., 2011

978-3-86955-715-1

D93

Nonnenstieg 8, 37075 Göttingen
Telefon: 0551-54724-0
Telefax: 0551-54724-21
www.cuvillier.de

1. Auflage, 2011
Gedruckt auf säurefreiem Papier

978-3-86955-715-1

Vorwort

Die vorliegende Arbeit entstand während meiner Tätigkeit als wissenschaftlicher Mitarbeiter am Institut für Verfahrenstechnik und Dampfkesselwesen, IVD – heute Institut für Feuerungs- und Kraftwerkstechnik, IFK – der Universität Stuttgart.

Dem heute emeritierten Leiter des Instituts, Herrn Prof. Dr.-Ing. Klaus R. G. Hein, danke ich für die Möglichkeit zur Erstellung dieser Arbeit, die umfassende Unterstützung während meiner Zeit am IVD und für die Übernahme des Hauptberichts.

Herrn Prof. Dr.-Ing. H. Seifert, Leiter des Instituts für Technische Chemie – Bereich Thermische Abfallbehandlung, ITC-TAB, des Forschungszentrums Karlsruhe möchte ich für das entgegengebrachte Interesse an dieser Arbeit und die freundliche Übernahme des Mitberichts danken.

Mein besonderer Dank gilt auch dem ehemaligen Leiter der Abteilung Brennstoffe und Messtechnik am IVD, Herrn Dr.-Ing. Sven Unterberger für seine fachliche Unterstützung an dieser Arbeit sowie für die zahlreichen Diskussionen und konstruktiven Anregungen.

Ein weiterer sehr großer Dank gilt Frau Priv. Doz. Dr. Penelope Monkhouse vom Physikalisch Chemischen Institut, PCI; der Universität Heidelberg, die es mir ermöglicht hat, mit der in dieser Arbeit genutzten Messtechnik zu arbeiten sowie für Ihre wertvollen Anmerkungen und Diskussionsbeiträge.

Herrn Prof. Dr. techn. Günter Scheffknecht, dem heutigen Leiter des IFK, möchte ich an dieser Stelle für die Möglichkeit danken, meine Arbeit am IFK abschließen zu dürfen.

Ein weiteres Dankeschön gilt allen meinen ehemaligen Kollegen am IFK, die mich mit Rat und Tat bei meiner Arbeit unterstützt, geholfen und für ein einzigartiges und freundschaftliches Arbeitsklima gesorgt haben.

Ein ganz besonderer Dank gilt meiner Frau Daniela und meinen Eltern.

Köln, im Juni 2010

Heiko Schürmann

Inhaltsverzeichnis

Formelzeichen

a_{abs}	Wirkungsquerschnitt	[-]
c	Konzentration	[mg/ml]
C_{det}	Kalibrationskonstante	[-]
E_{Laser}	Laserenergie	[J]
G	Freie Enthalpie	[kJ]
H	Enthalpie	[kJ]
$\dot{m}$	Massenstrom	[kg/h]
L	Länge	[m]
n	Stoffmenge	[mol]
n_{MX}	Anzahl d. Alkalimoleküle	[-]
p	Druck	[Pa]
q	Stoßlöschungskorrektur	[-]
Q	Wärme	[kJ]
S	Entropie	[kJ/K]
S_{fl}	Fluoreszenzsignal	[J]
T	Temperatur	[K]
u	atomare Maßeinheit	[-]
U	innere Energie	[kJ]
V	Volumen	[m³]
$\dot{V}$	Volumenstrom	[m³/h]
w	Geschwindigkeit	[m/s]
x	Masseanteil	[g/kg]
x	Molenbruch	[mol/mol]
μ	Chemisches Potential	[kJ/kmol]
ρ	Dichte	[kg/m³]
τ	Verweilzeit	[s]

Indizes (tiefgestellt)

f	Fest	rev	Reversibel
g	Gasförmig	s	solid
i, j	Laufvariablen	S	bei konstanter Entropie
l	Liquid (Flüssig)	T	bei konstanter Temperatur
n	bei konstanter Stoffmenge	V	bei konstantem Volumen
p	bei konstantem Druck	z	z-Richtung

Indizes (hochgestellt)

0 Standardzustand

Abkürzungen

€ct	Euro Cent
AAS	Atom Absorptions Spektroskopie
AASB	Activated Bauxite Adsorption Method
AES	Atom Emissions Spektrometer
B/A	Base zu Säure Verhältnis
DFCC	Direct Fired Combined Cycle
DKS	Druckkohlenstaubfeuerung
DKSF	Druckkohlenstaubfeuerung
DWS	Druckwirbelschichtfeuerung
EFCC	Externally Fired Combined Cycle
ELIF	Excimer Laser Induced Fragmentation Fluorescence
FAES	Flame Atomic Emission Spectrometer
FOAM	Fiber Optic Alkali Monitor
GuD	Gas- und Dampfturbinenprozess
HTK	Hochtemperaturkorrosion
HTW	Hochtemperaturwärmetauscher
IACM	In Situ Alkali Chloride Monitoring
IGCC	Integrated Gasification Combined Cycle
IVD	Institut für Verfahrenstechnik und Dampfkesselwesen
KEMS	Knudsen – Effusionsmassenspektrometrie
KV-GuD	GuD Prozess mit integrierter Kohlevergasung
Ma-%	Gewichtsanteil (Masse-%)
PEARLS	Plasma Excited Atomic Resonance Line Spectroscopy
PFBC	Pressurised Fluidised Bed Combustion
SCR	Selective Catalytic Reduction
SI	Surface Ionisation
SK	Steinkohle
TDLAS	Tunable Diode Laser Absorption Spectroscopy
TGA	Thermogravimetrische Analyse
th-%	Prozentualer Anteil auf Energiebasis
TOE	Tonnen Ölequivalent (1 TOE = 42 GJ)

Abstract

The worldwide growing demand for heat and electrical energy in the near future will be amongst others warranted by the combustion of solid, fossil fuels. On this account the increase of power plant efficiency and the decrease of operational problems are required to save costs, fuels and in this way to protect the environment.

Alkali metals in fuels as a natural part of the mineral fuel content are responsible for many operational problems in combustion systems, like high temperature corrosion, fouling and slagging.

A broad set of data for the understanding of the behaviour of gaseous alkali metals in pulverised coal combustion systems does not exist and for this reason a global theoretical and experimental examination was carried out in the present work. Absolute gaseous alkali concentrations were determined in-situ and in real time in the flue gas of a semi-technical pulverised coal combustor by excimer laser fragmentation fluorescence (ELIF). The combustor was operated at atmospheric pressure in the temperature range of 1000-1300°C. While firing different coals, the effects of varying combustor temperature, residence time, excess air (λ), coal mineral content and flue gas composition (content of chlorine, sulphur and water) were investigated. ELIF data of absolute gaseous alkali concentration were then used together with modified fuel analyses and thermodynamic equilibrium calculation to obtain a more detailed understanding of alkali release and capture behaviour under pulverised coal combustion conditions.

Results obtained for release of K and Na show that qualitatively the two species behave similarly. Quantitatively however, there are significant differences, largely resulting from their different affinities towards minerals in the fuel. A strong dependence of increasing gaseous alkali metal concentration in flue gas with increasing temperature, especially when the softening point of coal ash was reached, could be observed. Increasing the residence time of the flue gas in the reactor leads to a decrease of gaseous alkali metals. The enlarged reaction time between the gaseous alkali species with fly ash particles facilitating the formation of solid alkalialuminosilicates are responsible for this effect. Further on, it could be observed that the main reaction of alkali release from coal took place immediately (< 1 second) after entrance of the coal to the reactor.

Higher excess air levels of combustion leads to higher alkali metal concentrations in the flue gas because of an intense reaction of the coal particles with oxygen and hence higher temperatures at the coal particle.

The addition of small portions of clay to the combustion process leads to a decrease of gaseous alkali species because of the formation of solid alkali mineral phases. Two reactions are responsible for this effect. From the chemical point of view a larger amount of acid ash components, like silicon and aluminium support the reaction between them and the basic alkali metals to form solid alkalialuminosilicates. From the physical point of view the concentration of fly ash particles in flue gas was higher and the probability of contact therefore increases considerably.

Chlorine was identified as main influence parameter on alkali release. The addition of certain amounts of vaporised HCl to the flue gas led to a dramatic increase of gaseous sodium and potassium concentrations. The addition of vaporised H_2SO_4 was converse to the addition of HCl. The higher amount of sulphur led to a decrease of gaseous alkali metals in flue gas. The formation of alkali sulphates, which could not be measured by ELIF, was found as explanation.

Then, with increasing residence time at higher sulphur concentration in flue gas a higher concentration of gaseous alkali species was measured. The resulting tendency reaches a maximum, whereas it was assumed, that the alkali sulphates converted to measurable alkali chlorides. Afterwards like it is described before a decrease of the gaseous sodium and potassium concentration in flue gas was measured. As a conclusion of this behaviour it was assumed that the formation of solid alkalialuminosilicates is inhibited by alkali sulphates and favoured by alkali chlorides.

Finally, the effect of water vapour was tested. It was found that the presence of increasing shares of water vapour in flue gas supports the formation of solid alkalialuminosilicates and decreased in this way the concentration of gaseous alkali metals in the flue gas.

For further description of the behaviour of alkali metals in high temperature combustion processes thermodynamic equilibrium calculations were carried out. A good accordance between calculated and measured values was found. The higher affinity of potassium to form solid mineral phases and of sodium to be released to the gaseous phase could be confirmed. As well the measured trends in dependence to temperature, air number, coal ash composition, influence of chlorine and water vapour could be confirmed too.

Furthermore, the chemical fractionation of coal was used for evaluation of the behaviour of alkali metals in flue gas. Coal samples were extracted by water, ammonia acetate solution and HCl solution. The analysis of the alkali metal content in the different extraction solutions and the comparison to the remaining alkali metals in coal led to the prediction that the solvable alkali metals are volatilised during combustion. The comparison of measured values of gaseous alkali metals in combustion flue gas with values of soluble alkali metals was found in good accordance. As a result, it is recommended to carry out the additional analysis step of chemical fractionation to obtain an overview about volatilised alkali metals during combustion.

1. Einleitung

1. 1. Hintergrund und Problemstellung

Die Entwicklung des Weltenergiebedarfs wird mit einem Anstieg von 10,2 Milliarden Tonnen Öläquivalent (TOE) im Jahre 2000 auf 14,3 Milliarden TOE im Jahre 2020, das entspricht einer Steigerung von 40 %, prognostiziert. Trotz einer hohen Zunahme regenerativer Energien wird im Jahre 2020 ihr Anteil nicht mehr als ein halbes Prozent der weltweiten Energienachfrage decken. Die Bereitstellung von elektrischer Energie und Wärme wird daher auch in naher Zukunft durch feste fossile Energieträger gewährleistet werden müssen [1].

In Deutschland erfordert die jetzige Situation, durch das altersbedingte Ausscheiden konventioneller Kraftwerke und aufgrund des - derzeit noch geltenden - beschlossenen Ausstiegs aus der Kernenergie, umfangreiche Kraftwerksmodernisierungen und Kraftwerksneubauten. Es wird davon ausgegangen, dass bis zum Jahr 2020 45 konventionelle Kraftwerke mit einer Gesamtleistung von ca. 43 000 MW neu gebaut werden müssen. Dabei spielt die Energiegewinnung aus Stein- und Braunkohle weiterhin eine bedeutende Rolle. Es wird weiterhin angenommen, dass von diesen 45 Kraftwerksneubauten etwa 15 auf Steinkohlebasis und 4 auf Braunkohlebasis erstellt werden [2].

Auf langer Sicht ist einer der Vorteile der Energiebereitstellung aus Kohle die hohe Verfügbarkeit und Stabilität des Brennstoffpreises, gegenüber Öl und Erdgas. Nachteilig wirkt sich bei der Verstromung von festen, fossilen Brennstoffen die Emission von CO_2 aus. Auf der Klimaschutzkonferenz in Kyoto 1997 verpflichtete sich die EU die CO_2-Emissionen von 2008 bis 2012 auf ein Niveau abzusenken, das 8 % unter dem Stand des Bezugsjahres 1990 liegt [3]. Um dieses Ziel zu erreichen sind im konventionellen Kraftwerksbereich eine Steigerung des Wirkungsgrades, der Einsatz von Sekundärbrennstoffen und die Etablierung neuer Kohleverstromungstechniken notwendig.

Möglichkeiten zur Steigerung des Wirkungsgrades in bestehenden oder geplanten Kohlekraftwerken sind hinreichend gegeben. Zum Beispiel die fluiddynamische Optimierung der Dampfturbine, die Senkung des Eigenenergieverbrauchs (Lüfter, Mühlen, Pumpen..), die Absenkung des Kondensatordrucks und die Optimierung der Druckverluste im Wasserdampfsystem.

Feuerungsseitige Optimierungsmöglichkeiten sind beispielsweise die Erhöhung der Dampfparameter durch den Einsatz weiterentwickelter Werkstoffe. Das Ziel ist die Realisierung von Dampfparametern um die 375 bar / 700 °C / 720 °C [4]. Weitere Möglichkeiten sind die Absenkung der Luftzahl λ [5], die Vortrocknung der Brennstoffe mit thermodynamisch günstiger Niedertemperaturwärme [6], die Verbesserung der Heizflächenreinigungsintervalle durch ständige Überwachung [7] oder der Einsatz eines Kesseldiagnosesystems um eine optimale Einstellung des jeweils betrachteten Brenners zu erzielen [8].

Die Mitverbrennung von nachwachsenden Sekundärbrennstoffen in kohlegefeuerten Kraftwerken bietet eine weitere Möglichkeit der CO_2-Einsparung, da sie als annähernd CO_2-neutral betrachtet werden können.
Neben der Optimierung konventioneller Kohlekraftwerke und dem Einsatz nachwachsender Sekundärbrennstoffe ist als weitere Möglichkeit der effektiveren Energieumwandlung die Entwicklung und der Einsatz von Gas- und Dampfturbinenprozessen auf Kohlebasis zu nennen. Die Gemeinsamkeit der verschiedenen Prozesse ist die Verbrennung der Kohle unter Druck und die anschließende Entspannung des heißen, druckaufgeladenen Rauchgases in einer Gasturbine zur Elektrizitätserzeugung. In einem weiteren Schritt wird das entspannte, noch heiße Rauchgas zur Dampferzeugung eingesetzt.
All diese genannten Vorschläge zur effizienteren Kohleverstromung bergen auch Probleme in vielerlei Hinsicht. Ein problematischer Punkt, der hohes Optimierungspotential besitzt, sind die Auswirkungen von Alkaliverbindungen auf die Anlagenkomponenten und damit auf den störungsfreien Anlagenbetrieb während des Verbrennungsprozesses. Alkalikomponenten sind natürlicher Bestandteil der mineralischen Substanz in festen Brennstoffen und gelangen auf diesem Weg in den Feuerungsprozess. Es sollen in diesem Kapitel die Probleme identifiziert werden, die auf Reaktionen mit Alkalikomponenten zurückzuführen sind. Dabei handelt es sich ausschließlich um Betriebsprobleme, und nicht um Emissionsprobleme, die sich negativ auf Betriebskosten und Anlagenverfügbarkeit auswirken.

1. 2. Auswirkungen verursacht durch Alkalikomponenten im Feuerungsprozess

Alkalikomponenten im Feuerungsprozess sind für zwei wesentliche Betriebsprobleme verantwortlich. Sie spielen erstens eine große Rolle bei den Prozessen der Bildung von Verschmutzung und Verschlackung der Heizflächen im Dampferzeuger und sind zweitens verantwortlich für Vorgänge der Hochtemperaturkorrosion. Mit steigender Alkalifracht im Brennstoff steigt auch die Intensität der genannten Betriebsprobleme. Insbesondere der Einsatz von alkalireichen Sekundärbrennstoffen (Stroh, Abfälle usw.) kann die Problematik verschärfen. Darüber hinaus sind spezielle Angriffe auf weitere Anlagenbauteile zu erwarten, wobei immer wieder ähnliche Mechanismen ablaufen. Hier sind zu nennen die $DeNO_x$-Katalysatordeaktivierung bei Verbrennung alkalireicher Brennstoffe oder im besonderen Fall der Wirbelschichtfeuerung die Bettmaterialagglomeration. Die Entwicklung neuer Kohleverstromungstechniken unter Druckaufladung ist u. a. durch die Alkaliproblematik gehemmt. Im Folgenden sollen die Auswirkungen der Alkalimetallverbindungen und deren jeweiligen chemisch / physikalischen Mechanismen auf die genannten Probleme beschrieben werden.

1. 2. 1. Verschmutzung und Verschlackung

Feste Brennstoffe enthalten mineralische Bestandteile die während der Verbrennung Asche bilden. Je nach Feuerungsart wird die Asche als feiner Staub oder in grober, schmelzflüssiger Form aus dem Prozess ausgetragen. Ein Teil der Asche kommt dabei in Kontakt mit den wärmetauschenden Kesselbauteilen und kann sich dort ablagern. Diese Ablagerungen gilt es zu vermeiden, da sie den Wärmeübergang zum Wasser- / Dampfkreislauf hindern und somit den Wirkungsgrad der Anlage senken und letztendlich die Anlagenverfügbarkeit reduzieren.

Die Art der Anlagerung unterteilt sich in die Prozesse Verschmutzung und Verschlackung. Handelt es sich bei den Ansätzen um Ascheteilchen, die ihre Struktur weitestgehend beibehalten und nicht miteinander reagiert haben, spricht man von Verschmutzung. Diese Ansätze sind leicht von den Kesselbauteilen entfernbar. Sind die Ansätze versintert und teilweise geschmolzen, werden sie als Verschlackung bezeichnet. Solche Ansätze entstehen vor allem an den im Bereich von hohen Temperaturen liegenden Kesselbauteilen [9]. Hier ist die Verdampferheizfläche zu nennen, die im Bereich der Wärmeübertragung durch intensive Flammenstrahlung liegt. Verschlackungen im Kessel, mit Ausnahme von Schmelzkammerfeuerungen, gilt es zu vermeiden, da diese im Betrieb kaum abzureinigen sind. Mit zunehmendem Aufbau hindern sie immer mehr den Wärmetransport und können sich letztendlich durch thermische Wechselbeanspruchung - der Ausdehnungskoeffizient von Rohrwerkstoff und Schlackeansatz ist unterschiedlich - durch ihr Eigengewicht und aufgrund von Vibrationen von den Heizflächen lösen. Das Herabfallen der Schlackebrocken kann mechanische Schäden im Trichterbereich oder Verschleiß und Blockierungen im Ascheabzug hervorrufen.

Voraussetzung für die Bildung der Ansätze ist der Aufbau der so genannten Urschicht. Die Bildung der „klebrigen“ Urschicht erfolgt vor allem durch Kondensation gasförmiger Mineralspezies auf den relativ kalten Rohroberflächen. Alkalikomponenten spielen dabei generell eine wichtige Rolle. Durch Thermophorese und Brownsche Diffusion lagern sich auch feinste Aschepartikel auf der Oberfläche ab. Elektrostatische Kräfte, Van-der-Waals Kräfte und ebenso die Rauhigkeit der oxidierten Rohroberflächen bewirken die Rückhaltung der Feinstpartikel, so lange, bis dauerhafte Bindungen, z. B. durch Sintern oder chemische Reaktion, entstanden sind [10]. Schematisch ist der Aufbau und die Ansatzbildung in Abbildung 1 dargestellt.

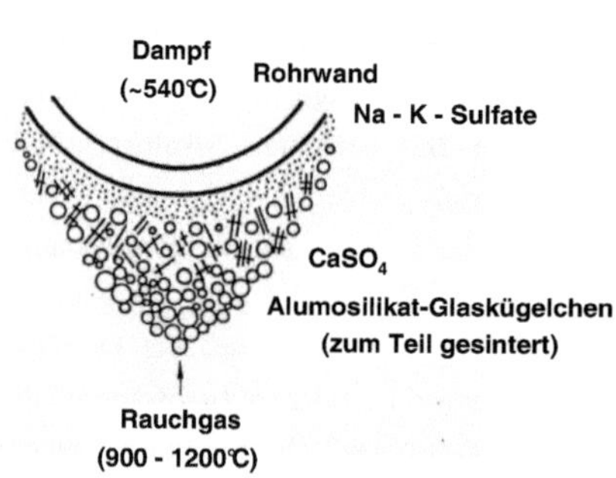

Abbildung 1: Schema der Ansatzbildung.

Die Bildung der Urschicht isoliert die betroffenen Heizflächenabschnitte und verschlechtert damit den Wärmeübergang vom Rauchgas zum Wasser / Dampf-Kreislauf. Dadurch steigt die Temperatur an der Belagsoberfläche. Auf dieser heißen, klebrigen Schicht können die gröberen, aluminiumsilikatischen Hauptbestandteile der Asche anhaften. Es können sich bei weiter steigender Temperatur die Voraussetzungen für die Bildung von problematischen Schlacken im Kessel einstellen [11].

Die Ansatzbildung durch gasförmige Alkalimetallverbindungen wird weiterhin durch Reaktionen mit silikatischen Aschebestandteilen zu festen Verbindungen verursacht. Hier kann die Einbindung von Alkalien eine Herabsetzung des Schmelzpunktes bewirken. Die so gebildeten niedrig viskosen Flugaschepartikel können, aufgrund ihrer „klebrigen" Eigenschaften, leicht an den Kesselbauteilen haften bleiben und dort für weitere Verschmutzung und Verschlackung sorgen. Insbesondere die Kesselwände im heißen Strahlungsteil des Dampferzeugers sind dieser Art von Ansatzbildung ausgesetzt [12].

1. 2. 2. Hochtemperaturkorrosion

Hochtemperaturkorrosion (HTK) wird durch den chemischen Angriff von Abgas- und Aschebestandteilen aus der Feuerung auf den rauchgasseitigen Rohroberflächen hervorgerufen. Die HTK ist stark temperaturabhängig und tritt in verstärktem Umfang ab einer Frischdampftemperatur oberhalb etwa 560°C in kohlegefeuerten Dampferzeugern und in Müllverbrennungsanlagen ab etwa 300°C, vor allem im Bereich der Überhitzer und Zwischenüberhitzer auf [13]. Im Folgenden wird die Chlorid- und die Sulfatkorrosion beschrieben, zu der die Alkalimetalle Natrium und Kalium im Wesentlichen beitragen.

Chloridkorrosion ist der direkte Kontakt der metallischen Werkstoffe im Dampferzeuger mit Chlor und die daran anschließenden Reaktionen, die zur Abzehrung der Kesselwerkstoffe führt. Chlor wandelt sich bei diesen Prozessen mit dem Eisen der Kesselbauteile zu Eisenchlorid um, siehe Gleichungen 1.1a und b.

$$FeO + Cl_2 \Leftrightarrow FeCl_2 + \tfrac{1}{2}\, O_2 \qquad \text{(Gl. 1.1a)}$$

$$Fe + Cl_2 \Leftrightarrow FeCl_2 \qquad \text{(Gl. 1.1b)}$$

$$2FeCl_2(g) + 3/2\, O_2 \Leftrightarrow Fe_2O_3 + 2Cl_2 \qquad \text{(Gl. 1.1c)}$$

Eisenchlorid ($FeCl_2$) entsteht unter reduzierender Atmosphäre bei etwa 250 °C bis 550°C. Die Verdampfung findet bei 1026 °C statt, hat aber bei niedrigen Temperaturen für die Korrosion einen schon bedeutenden Dampfdruck [14]. Verdampftes Eisenchlorid kann anschließend nach Gleichung 1.1c mit Sauerstoff wieder zu Eisenoxid umgewandelt werden, so dass das Chlor wieder freigesetzt wird und dementsprechend ein Kreislauf gebildet wird. Die fortlaufende Reduktion und Oxidation des Eisens lässt die Werkstoffoberfläche porös werden.

Dieser ständige Wechsel führt zum stetigen Abblättern der metallischen Werkstoffoberflächen.

Die Sulfatierung gasförmiger oder kondensierter Alkalichloride sorgt für einen weiteren, direkten Chlornachschub in die Gasphase oder direkt an die metallischen Oberflächen der Kesselbauteile. Die Sulfatierung der Alkalichloride in der homogenen Phase ist nach Experimenten von STEINBERG und SCHOFIELD [15] eher unwahrscheinlich, da sie in der Gasphase kinetisch limitiert ist. Sie schreiben die Bildung von Alkalisulfaten einer heterogenen Reaktion zu. Dabei wird laut den Gleichungen 1.2 – 1.4 Chlor freigesetzt.

$2MCl(s, l) + SO_2 + O_2 \Leftrightarrow M_2SO_4(s, l) + Cl_2$ (Gl. 1. 2)

$2MCl(s, l) + SO_3 + H_2O \Leftrightarrow M_2SO_4(s, l) + 2HCl$ (Gl. 1. 3)

$2MCl(s, l) + SO_2 + 0{,}5O_2 + H_2O \Leftrightarrow M_2SO_4(s, l) + 2HCl$ (Gl. 1. 4)

M = Na oder K

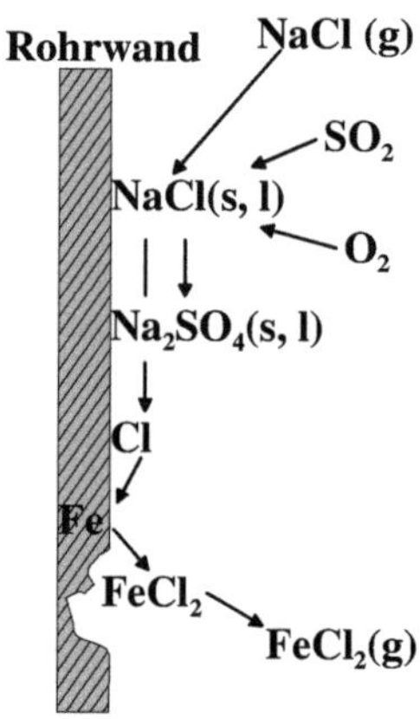

Abbildung 2: Schematische Darstellung der HTK verursacht durch Alkalichloride.

Findet ein Teil der Sulfatierungsreaktionen dennoch im Rauchgas statt, kann das freigesetzte gasförmige Chlor (Cl_2, HCl) auf diesem Weg den Verbrennungsraum verlassen. Man geht davon aus, dass die Reaktionen von Cl_2 und HCl gegenüber den Reaktionen der Alkalichloride auf den Heizflächen eine untergeordnete Rolle spielen.

Können sich jedoch Beläge aus Alkalichloriden auf den Heizflächen bilden, kann es zu Reaktionen auf den metallischen Oberflächen gemäß den Gleichungen 1. 2 – 1. 4 kommen. Dabei wird das Chlor direkt an der Rohroberfläche zur Verfügung gestellt. Der Ablauf der Sulfatierungsreaktion wird durch Rohrwand-temperaturen >350°C und dem Gehalt an dampfförmigen Chloriden, die auf den Rohrbelägen kondensieren, bestimmt. Das bei der Sulfatierung erzeugte Chlor ist als Chloratom nicht stabil. Es verbindet sich entweder mit H_2O zu HCl, mit einem weiteren Chloratom zu Cl_2 oder es reagiert mit Eisen zu leicht flüchtigen $FeCl_2$ [14], [16]. Abbildung 2 zeigt schematisch am Beispiel von Natrium eine mögliche Reaktion die zur Abzehrung der Kesselbauteile führen kann.

Abschließend wird noch die Möglichkeit der Werkstoffabzehrung durch Reaktionen mit Schwefel, Sulfat-Korrosion, vorgestellt. Alkalisulfatverbindungen können nach Reaktionsgleichung 1.2 bis 1.4 gebildet werden. Die leicht flüchtigen Alkalisulfatverbindungen diffundieren durch die Beläge von der heißen Rauchgasseite zur kühleren Rohroberfläche. Das führt zu einer erhöhten Konzentration von Alkalisulfaten an der

Korrosionsfront. Dort kommt es unter Beteiligung von SO_3 und bei Rohrwandtemperaturen von >320°C zur Bildung von Alkalipyrosulfaten (Gl. 1.5). Diese können nun mit dem in der schützenden Oxidschicht vorhandenen Eisen(III)-oxid zu verschiedenen komplexen Alkali–Eisen–Sulfaten reagieren (Gl. 1.6). Diese Verbindungen sind chemisch nicht stabil, so dass eine Zerfallsreaktion stattfindet (Gl. 1.7).

$$Na_2SO_4 + SO_2 + 0{,}5O_2 \Leftrightarrow Na_2S_2O_7 \quad \text{(Gl. 1. 5)}$$

$$3Na_2S_2O_7 + Fe_2O_3 \Leftrightarrow 2FeNa_3(SO_4)_3 \quad \text{(Gl. 1. 6)}$$

$$2FeNa_3(SO_4)_3 \Leftrightarrow 3Na_2SO_4 + Fe_2O_3 + 3SO_3 \quad \text{(Gl. 1. 7)}$$

Die andauernde Bildung und der Zerfall der Alkali-Eisen-Sulfate tragen zur Korrosion des Materials bei. Die Oxidschicht (Fe_2O_3) auf den Rohroberflächen lockert sich durch die Infiltration der Alkalisulfate und wird dadurch abgetragen [16], [17].

1. 2. 3. Mitverbrennung von Sekundärbrennstoffen

Die Mitverbrennung von Sekundärbrennstoffen, wie z. B. Biomasse, ist eine Möglichkeit die CO_2-Emissionen der Energiebereitstellung aus fossilen Brennstoffen zu senken. Aufgrund der im Vergleich zu festen, fossilen Brennstoffe geringeren Schwefel- und Stickstoffgehalte in Biomassen, ist das ein weiterer Vorteil dieser Brennstoffe für eine Absenkung des SO_2 und NO_x Emissionsniveaus.

Der Aschegehalt der Biomassen (z. B.: Stroh, Holz) ist, verglichen mit Stein- oder Braunkohlen, sehr gering [18]. Die Zusammensetzung und Mineralogie unterscheidet sich ebenfalls sehr stark von den fossilen Brennstoffen. Anstatt einer aluminium-silikathaltigen Matrix, bestehen die Aschen von Biomassen hauptsächlich aus einfachen Quarzverbindungen und anorganischen Salzen, wie z. B. Verbindungen aus Kalium, Natrium, Kalzium und Magnesium mit Chlor, Schwefel oder Phosphor. Die Aschen der Biomassen besitzen dadurch einen niedrigen Schmelzpunkt und haben die Eigenschaft die Belagsbildung in Dampferzeugern zu fördern.

Eine Schlüsselreaktion bei der Mitverbrennung von Biomassen ist die Freisetzung dieser flüchtigen anorganischen Salze in die Gasphase und die Kondensation auf den Oberflächen der Dampferzeugerbauteile, an Flugaschepartikeln oder bereits gebildeten Ascheablagerungen [19] und die, wie in den vorherigen Kapiteln beschrieben, daraus resultierenden Probleme der Verschmutzung, Verschlackung und Hochtemperaturkorrosion.

Hansen et al. [20] sammelten mit luftgekühlten Ansatzsonden Flugaschen und Ascheansätze während der Mitverbrennung von Stroh. Dazu wurde das Stroh in den Anteilen 0, 10, und 20 th-% in einem steinkohlenstaubgefeuerten Großkraftwerk mit einer elektrischer Leistung von 150 MWe mitverbrannt. Der Vergleich der Flugasche mit den Ascheansätzen zeigte, dass auf den Ansätzen mit steigender Strohmenge ein hoher Anteil der Elemente Kalium, Kalzium und Eisen zu finden war. Sie führten das auf die relativ niedrige Viskosität dieser Ascheverbindungen zurück, die hauptsächlich aus den oben genannten Elementen bestehen und deshalb leicht auf den Kesselbauteilen haften geblieben sind.

Probleme zum Thema Verschlackung, Verschmutzung und Korrosion durch den Einsatz von biogenen Sekundärbrennstoffen führt auch SPLIETHOFF [21] auf den niedrigeren Ascheschmelzpunkt der Biobrennstoffe zurück. Weiterhin berichtet er von Korrosionsuntersuchungen während der Mitverbrennung von Stroh. Es zeigte sich im Vergleich zur reinen Verbrennung von Steinkohle eine erhöhte Materialabzehrungsrate bei der Mitverbrennung von 10 % Stroh auf thermischer Basis. Er macht die Mechanismen der Hochtemperaturkorrosion, also die Reaktionen der Alkalien zusammen mit Chlor dafür verantwortlich.

Zusammengefasst liegt die allgemeine Problematik bei der Mitverbrennung von Sekundärbrennstoffen darin, dass diese, im Vergleich zu den fossilen festen Brennstoffen, in den meisten Fällen einen höheren Anteil von Alkali- und Erdalkalimetallen enthalten. Diese führen dann verstärkt zu den typischen Problemen der Ansatzbildung und Hochtemperaturkorrosion.

1. 2. 4. Einwirkung der Alkalikomponenten auf DeNOx Katalysatoren

Insbesondere bei der Mitverbrennung von stark alkalihaltigen Sekundärbrennstoffen, wie z. B. Stroh, kann es zu Beeinträchtigungen der katalytischen Rauchgasentstickungsanlage (SCR) kommen. Die Effektivität der katalytischen Rauchgasentstickung hängt im Wesentlichen von der Aktivität des Katalysators, also der Anzahl seiner aktiven Zentren ab. Die aktiven Zentren der SCR bestehen aus Vanadiumpentoxid (V_2O_5) und sind auf einem keramischen Trägermaterial aufgebracht. Die während der Verbrennung gebildeten NOx-Verbindungen werden am Katalysator mit Ammoniak (NH_3) reduziert. Durch Kondensation flüchtiger anorganischer Spezies, insbesondere den Alkaliverbindungen, oder Partikelablagerungen auf den aktiven Zentren kann es zu einer Blockierung oder Vergiftung des Katalysators kommen [19], [22] und einem daraus resultierenden Verlust der Aktivität.

CHEN et al. [23] fanden heraus, dass die Aktivität der Katalysatoren mit steigender Menge an Alkalikomponenten im Rauchgas abnahm. Die Stärke der Katalysatorvergiftung ist dabei von der Basizität der verschiedenen getesteten Alkalimetalle abhängig. Die Basizität der Alkalimetalle steigt mit der Ordnungszahl im Periodensystem der Elemente.

Steigende Basizität: $Li < Na < K < Rb < Cs$

Je höher die Basizität ist, desto wahrscheinlicher wird eine Reaktion zwischen Alkalimetall und Katalysator. Dabei spielen hauptsächlich die Elemente Natrium und Kalium eine Rolle, da diese im Gegensatz zu den anderen genannten Alkalimetallen am häufigsten in festen Brennstoffen vorkommen. Die Autoren postulieren eine Säure / Base Reaktion und gehen von der Bildung von Alkalimetavanadat nach Gleichung 1.8 aus. Die Bildung von Kaliummetavanadat (KVO_3) auf Katalysatoroberflächen konnte von BULUSHEV et al. [24] im Laborversuch nachgewiesen werden.

$$V_2O_5 + M_2O \Leftrightarrow 2\,MVO_3 \qquad \text{(Gl. 1. 8)}$$

M = Alkalimetall (Li, Na, K, Rb, Cs)

Dadurch sinkt die Menge des katalytisch wirkende Vanadiumpentoxid (V_2O_5) und der DeNOx Katalysator verliert seine Aktivität und damit sein Vermögen Stickoxide zu reduzieren.

1. 2. 5. Kombikraftwerksprozess auf Kohlebasis

Das Gas- und Dampfkraftwerk (GuD), die Kopplung von Gasturbine mit anschließendem System Abhitzekessel / Dampfturbine, auf Erdgasbasis ist ein etabliertes Verfahren zur Stromerzeugung mit hohen Wirkungsgraden. Moderne erdgasgefeuerte Anlagen erreichen Wirkungsgrade von etwa 57 % [5] und leisten damit einen großen Beitrag zur effektiven Stromerzeugung bei geringem CO_2-Ausstoß. Man ist bestrebt diese Art von Kraftwerk auch mit dem Brennstoff Kohle zu realisieren. Kombikraftwerke auf Kohlebasis haben gegenüber dem konventionellen Dampfkraftwerk durch Nutzung der Gasturbine ein zusätzliches thermodynamisches Potential zur Steigerung des Anlagenwirkungsgrades. Voraussetzung für ein Kombikraftwerk auf Kohlebasis ist entweder die Vergasung der Kohle zur Erzeugung eines gasturbinentauglichen Brennstoffes oder eine direkte Verbrennung der Kohle unter Druck mit anschließender Gasreinigung bei hohen Temperaturen und Entspannung der Rauchgase in der Gasturbine [25]. Folgende Prozesse sind in der Entwicklung oder werden bereits schon angewandt:

- GuD Prozess mit integrierter Kohlevergasung, KV-GuD, (Integrated Gasification Combined Cycle IGCC).

Aus Kohle wird durch unterstöchiometrischen Einsatz von Sauerstoff oder Luft ein Synthesegas erzeugt. Das Synthesegas muss anschließend auf möglichst hohem Temperaturniveau von seiner Staubfracht sowie den kondensierbaren Bestandteilen (Alkalien) gereinigt werden, bevor es technisch problemlos in der Gasturbine verbrannt werden kann. Dieser Prozess ist technisch in Großanlagen umgesetzt worden [26].

- Kombiprozess mit Druckwirbelschichtfeuerung, DWS, (Pressurised Fluidised Bed Combustion, PFBC).

In der Druckwirbelschichtfeuerung erfolgt die Verbrennung bei Drücken zwischen 12 und 16 bar und Temperaturen von ca. 850 bis 950 °C. Für den problemlosen Betrieb der

Gasturbine ist ebenfalls eine Konditionierung der heißen Rauchgase durch Entfernung von Aschepartikeln und schädlichen Spurenstoffe wie z. B. gasförmige Alkaliverbindungen, notwendig. Auch dieser Prozess wurde in Großanlagen technisch umgesetzt [27].

- Indirekt gefeuerter GuD Prozess mit Hochtemperaturwärmeübertrager, (Externally Fired Combined Cycle, EFCC).

Die Wärme der Kohleverbrennung wird in diesem Prozess in einem Hochtemperaturwärmeübertrager (HTW) an ein für Gasturbinen geeignetes, verdichtetes Arbeitsmedium (Luft, Helium) abgegeben. Das hat den Vorteil der stofflichen Trennung zwischen verunreinigtem Rauchgas und sauberen Gasturbinenarbeitsmediums. Der Nachteil ist die Werkstoffproblematik bei der Wärmeübertragung vom Rauchgas auf das Arbeitsmedium. Hohe Rauchgastemperatur und zusätzliche Verschmutzung des Gases durch Flugasche und gasförmige mineralische Substanzen sorgen hier für Verschlackungs-, Korrosions- und Erosionsprobleme. Der EFCC Prozess ist derzeit noch Stand der Forschung und Entwicklung [29].

- GuD-Prozess mit Druckkohlenstaubfeuerung, DKS, (Direct Fired Combined Cycle, DFCC).

Hier erfolgt die Verbrennung der Kohle in einer druckaufgeladenen, kohlenstaubgefeuerten Brennkammer. Die Brennkammer wird bei Temperaturen oberhalb der Aschefließgrenze betrieben. In Versuchsanlagen konnten bisher Druckniveaus von 16 bar und Temperaturen von 1700 °C realisiert werden. Die Rauchgastemperaturen entsprechen damit den für hohe Wirkungsgrade erforderlichen Werten moderner Gasturbinen. Die heißen Rauchgase müssen vor ihrem Eintritt in die Gasturbine von schmelzflüssiger Asche und gasförmigen Alkalien gereinigt werden. Die Erforschung und Entwicklung des DFCC Prozess wird aktuell nicht mehr weiterverfolgt [28].

Das Rauchgas, bzw. Arbeitsmedium, soll mit möglichst hoher Temperatur, also auf einem hohen Energieniveau, in die Gasturbine geleitet werden, um einen maximalen Anlagenwirkungsgrad zu erreichen. Die Gemeinsamkeit der genannten Prozesse ist die Reinigung der heißen Rauchgase bevor sie auf die empfindliche Gasturbine geleitet werden, bzw. die Materialwahl für den HTW bei der Realisierung des EFCC-Prozesses. Andernfalls sorgen feste Partikel im Rauchgas für Erosion und führen damit zur Zerstörung der Schaufeln in der Gasturbine. Gasförmig vorliegende Spezies aus der mineralischen Substanz, wie z. B. Natrium und Kalium in verschiedenster Verbindung (Chlorid, Hydroxid, Sulfat) werden bei der Entspannung und Abkühlung in der Gasturbine auskondensieren und neben der Erosionsproblematik korrosiv auf die Werkstoffe der Schaufeln wirken.
Ein weiterer Bereich, in denen Alkalien sich schadhaft auf die Anlagenkomponenten auswirken, ist der notwendige Einsatz der Konstruktions- und Funktionskeramiken.

Keramische Werkstoffe werden aufgrund der hohen zu erwartenden Temperaturen für die Ausmauerung der Brennkammer, für die Prallabscheider für Partikel und flüssige Schlacketropfen oder für die keramischen Filterelemente zur Heißgasreinigung eingesetzt. Die Rauchgasatmosphäre und die Zusammensetzung der Kohlenasche sorgen für Erosions- und Korrosionsprozesse. Der Mechanismus der Korrosion und der damit verbundene Verlust der Bauteilfestigkeit werden auf Reaktionen der Keramikbestandteile mit den Aschebestandteilen zurückgeführt. Beispielsweise reagieren Alkalien mit aluminiumhaltigen Keramiken unter Bildung von Alkali-Aluminium-Silikatschichten, die die ursprünglichen Eigenschaften der Keramik, Temperaturbeständigkeit und Festigkeit, nicht mehr besitzen. Oft kommt es auch zu einer Zunahme der Porosität. Damit können die schädlichen Komponenten der angelagerten Schlacke in das Innere der keramischen Werkstoffe eindringen. Die Verglasung des Keramikwerkstoffs mit Alkalien und anderen Aschebestandteilen, hauptsächlich Silikaten, sorgt für eine geringere Viskosität und damit für die Absenkung des Schmelzpunktes. Dadurch wird die Diffusion der Schadkomponenten in das Innere des Keramikwerkstoffs erleichtert und er wird in kurzer Zeit durch den Schmelzprozess abgezehrt [29], [30].

1. 2. 6. Wirbelschicht – Bettmaterialagglomeration

Der Vollständigkeit halber wird noch kurz auf die alkaliinduzierte Problematik der Bettmaterialagglomeration in der Wirbelschichtfeuerung eingegangen. Zur Kontrolle der Temperatur, der Emissionen und zur besseren Wärmeübertragung wird in der Wirbelschicht der feste Brennstoff in einem Bettmaterial aus Sand und Additiv (Kalk zur Entschwefelung) verbrannt. Um eine gute Verwirbelung des Materials zu erreichen, ist es notwendig, dass das Wirbelbett seine Körnigkeit behält. Die Agglomeration des Materials zu großen, festen Verbänden hat eine vorzeitige Erneuerung des Bettmaterials zur Folge oder führt zu einem „Zusammenbruch“ des Wirbelschichtprozesses während des Betriebes und stellt damit einen hohen Kostenfaktor dar.

Ausgang der Bettmaterialagglomeration ist die Präsenz von leicht flüchtigen Aschekomponenten, wie z. B. Natrium und Kalium, die auf den Partikeln des Bettmaterials kondensieren können. In Abhängigkeit von der Temperatur und der chemischen Zusammensetzung des Brennstoffs bilden die kondensierten Komponenten eine klebrige Initialschicht auf den Sandkörnern, welche das Bettmaterial nach und nach zu größeren Verbänden bindet. Die Klebrigkeit der Partikel wird durch chemische Reaktionen zusätzlich unterstützt. Die Bildung von niedrig schmelzenden Verbindungen oder eutektischen Mischungen verstärkt den Agglomerationseffekt und unterstützt ihn durch das Verschmelzen bereits versinterter Partikel. Beispielsweise wird die Bildung von Kalium-Kalzium-Silikatgläsern für niedrig schmelzende Verbindungen verantwortlich gemacht. Versuche mit der Zugabe von Tonerde, welche hohe Anteile an Silizium und Aluminium enthält, haben gezeigt, dass die Bettmaterialagglomeration verringert werden konnte. Die Bildung von

Alkali-Aluminium-Silikaten wird hierfür als Erklärung gegeben. Diese haben die Eigenschaft im Temperaturbereich der Wirbelschichtverbrennung, etwa 850 bis 950 °C, nicht schmelzflüssig vorzuliegen. Anlagentechnisch führt der Einsatz eines grobkörnigeren Sandbetts, moderate Temperaturen und eine hohe Wirbelgeschwindigkeit zu einer weiteren Verringerung der Bettmaterialagglomeration [31].

2. Zielsetzung

Die Zuverlässigkeit von Dampferzeugern zu erhöhen ist bei den heutigen Blockgrößen eine vordringliche Aufgabe. Aufgrund der hohen Investitionen in eine Kraftwerksanlage bedeutet jeder Stillstandstag Ertragsverluste. Eine Untersuchung von Blockausfallgründen zeigte [32], dass der Schwerpunkt der Nichtverfügbarkeit mit 54 % im Feuerungsbereich liegt, wovon allein 18 % auf Verschmutzungsprozesse als Ursache entfallen. Der Anteil der Blockausfälle durch Schäden am Kesseldruckkörper, z. B. durch Korrosion, liegt bei 27 %.

Daten zur monetären Bewertung der Blockausfälle werden von den Betreibern nicht veröffentlicht. Die Kosten, die für ein Mittel- oder Spitzenlastkraftwerk aufgrund eines ungeplanten Stillstandes entstehen können, setzen sich im Groben zusammen aus dem verlorenen Betriebsgewinn durch den Stromverkauf, den Eigenbedarf im Stillstand, den fixen Kosten, wie Versicherung, Kapital- und Personalkosten sowie den Reparaturkosten. Falls der Stromausfall nicht durch andere Kraftwerke des Konzerns kompensiert werden kann, fallen weitere Kosten für den teuren Zukauf an der Strombörse und evtl. Konventionalstrafen bei Nichterfüllung der Lieferverträge an. Ist das Kraftwerk zusätzlich noch an das Fernwärmenetz angeschlossen, müssen noch Brennstoffkosten für Öl oder Gas zur Aufrechterhaltung des Fernwärmenetzes berücksichtigt werden. Anlagenverschleiß und energetisch ungünstige An- und Abfahrvorgänge sollen hier vernachlässigt werden, da Mittel- und Spitzenlastkraftwerke für diese Fälle ausgelegt worden sind.

An einem einfachen Rechenbeispiel soll im Folgenden eine Vorstellung gegeben werden, welche Kosten durch einen Blockausfall verursacht werden können. Grundlagen der folgenden Betrachtung sind allgemein erhältliche Daten. Es wird ein Nettostrompreis für den Verkauf an Privatkunden von 12,9 €ct/kWh [33] und Stromgestehungskosten in einem Steinkohlekraftwerk von 3, 3 €ct/kWh [34] angesetzt. Der Stromverkauf an den Privatkunden bedeutet den maximalen Gewinn zu erzielen, da Strompreise für Industrie und Gewerbe gesondert ausgehandelt werden und dementsprechend günstiger sind. Die Differenz zwischen Verkaufspreis und Stromgestehungskosten ist annähernd der Gewinn des Unternehmens, in diesem Fall der maximale Gewinn von: 9,6 €ct/kWh, das entspricht 96 €/MWh.

Nimmt man als Beispiel den Ausfall eines 500 MW_{el} Blocks mit der optimalen Annahme 100 %-iger Auslastung, kommt man in diesem Fall zu dem Ergebnis, dass der durch eine Betriebsstörung verursachte Ausfall pro Stunde 48 000 € beträgt. Damit ist nur der Verlust durch entgangenen Stromverkauf beschrieben. Kosten für evtl. Zukauf von Strom, Aufrechthaltung des Fernwärmenetzes, Reparaturkosten usw. sind hier noch nicht mit einkalkuliert.

Die Häufigkeit der Betriebsstörungen durch Probleme im Feuerungsbereich und im Kesseldruckkörper und der damit verbundene finanzielle Verlust macht deutlich, dass es wichtig und sinnvoll ist, Forschung im Bereich der Feuerungstechnik zu betreiben. Detailwissen zum Verhalten der verschiedensten Brennstoffkomponenten im Zusammenhang mit der Anlagentechnik, der Feuerungsführung und den daraus abgeleiteten Maßnahmen führt zu einem optimaleren Kraftwerksbetrieb und damit zu einer Erhöhung der Anlagenverfügbarkeit.

Alkalikomponenten im Brennstoff sind für ein breites Spektrum an Problemen im Anlagenbetrieb während des Verbrennungsprozesses verantwortlich. Einen Überblick der verschiedensten Auswirkungen im Feuerraum und den nachgeschalteten Komponenten wurden in der Einleitung dargelegt. Der Auslöser der angesprochenen Probleme, wie z. B. Verschmutzung und Verschlackung, Korrosion und Vergiftung der DeNOx Katalysatoren, geht meist von gasförmig vorliegenden Alkalimetallverbindungen aus. Das geringste Gefährdungspotential wird erreicht, wenn es gelingt so wenig wie möglich gasförmige Alkalispezies entstehen zu lassen, bzw. die bereits gasförmig vorliegenden Spezies in feste Phasen durch Reaktion mit anderen Aschebestandteilen zu überführen.

In den bisher konventionell angewandten Verbrennungsprozessen werden aktiv keine Gegenmaßnahmen zur Minimierung der Konzentration gasförmiger Alkalispezies durchgeführt. Maßnahmen gegen die hervorgerufene Problematik sind beispielsweise die regelmäßige Abreinigung der Heizflächen im Betrieb, Begrenzung der Dampfparameter zur Eindämmung der Hochtemperaturkorrosion und Verschlackung, insbesondere in Müllverbrennungsanlagen, oder Limitierung der Brennstoffanteile bei der Zugabe von alkalireichen Sekundärbrennstoffen, wie z. B. Stroh. All diese Maßnahmen führen zu zusätzliche Kosten.

Detailliertes Wissen über die Einflüsse der Feuerungsführung und der Brennstoffbestandteile, wie z. B. Schwefel, Chlor, Silizium, Aluminium, Calcium etc., im Hinblick auf die Freisetzung und Einbindung von gasförmigen Alkaliverbindungen in kohlenstaubgefeuerten Anlagen, sind wenig bekannt. Aus diesem Grund soll die systematische Variation der Verbrennungstemperatur, der Verweilzeit, der Luftzahl, die Änderung der Brennstoffeigenschaften durch gezielte Zugabe von Additiven und die Variation der Rauchgasatmosphäre in der vorliegenden Arbeit untersucht und bewertet werden.

Im Rahmen einer theoretischen Betrachtung wird die Verteilung der alkalihaltigen Spezies in die Gas- und Festphase unter Berücksichtigung der Verbrennungsbedingungen und Brennstoffzusammensetzung mit thermodynamischer Gleichgewichtsberechnung simuliert. Zusätzlich wird neben der herkömmlichen Brennstoffcharakterisierung, wie die Zusammensetzung des Brennstoffs, der Asche und das Schmelzverhalten der Asche, eine Elutionsuntersuchung der eingesetzten Kohle durchgeführt. Mit dieser Methode soll eine Aussage über die Verteilung der Alkalien auf Gas- und Festphase während des Verbrennungsprozesses ermöglicht werden. Der experimentelle Teil zum Freisetzungs- und Einbindungsverhalten von Alkalimetallen umfasst die Messung gasförmiger Alkalien mit laserspektroskopischer Messtechnik während der Verbrennung von Kohlenstaub in einem Flugstromreaktor.

Letztendlich soll eine umfassende Betrachtung über das Verhalten gasförmiger Alkalien in Staubfeuerungen gegeben werden. Die Kopplung von laboranalytischen Methoden und der theoretischen Vorausberechnung sowie der Vergleich mit den Messdaten aus den Verbrennungsexperimenten sollen Anhaltspunkte zur Vorhersagbarkeit von Betriebsproblemen bedingt durch gasförmige Alkalispezies liefern.

3. Stand des Wissens

Vor der Präsentation und Diskussion der Ergebnisse ist es notwendig, ein Überblick über die Theorie und den aktuellen Stand der Technik zum Thema Alkalien in Feuerungsprozessen zu geben. Neben dem besseren Verständnis der komplexen Alkalimetallreaktionen unter verschiedenen Umgebungsbedingungen werden die bisherigen fehlenden Punkte auf diesem Forschungsgebiet herausgearbeitet.

Dazu werden als erstes die Grundlagen über die Herkunft der Alkalikomponenten und ihre verschiedenen Bindungsformen in den Brennstoffen beschrieben. Anschließend werden bisherige Ergebnisse der experimentellen Erforschung von Freisetzungs- und Einbindungsmechanismen der Alkalikomponenten während der Verbrennung unter Laborbedingungen sowie die dazu verwendeten, verschiedenen Messmethoden vorgestellt. Neben den experimentell gewonnenen Erkenntnissen, werden Ergebnisse aus thermodynamischen Gleichgewichtsberechnungen beschrieben. Abschließend werden Resultate über das Verhalten von Alkalikomponenten aus Messungen in industriellen Feuerungsanlagen präsentiert.

3. 1. Alkaliverbindungen in festen, fossilen Brennstoffen

3. 1. 1. Herkunft

Kohlemoleküle stellt man sich als 3-dimensional vernetzte Makromoleküle vor. Sie bestehen aus mehrkernigen aromatisch – hydroaromatischen Ringkomplexen. Diese Komplexe sind über aliphatische Ketten, über Sauerstoff-, Schwefel-, Stickstoff- und Wasserstoffbrücken miteinander verbunden.

Mit zunehmendem geologischem Alter weicht der strukturelle Aufbau der Kohle immer stärker von dem des pflanzlichen Ausgangsmaterials (Zellulose, Hemizellulose, Lignin) ab. Die Vorgänge der Inkohlung führen zu einer Vergrößerung der Kohlestruktureinheit, d. h. der Kondensationsgrad und die Aromatizität wachsen an. Gleichzeitig werden der Heteroatomgehalt, die Zahl der Substituenten und die Funktionalität vermindert.

Braunkohlestruktureinheiten bestehen überwiegend aus 1 bis 2 kondensierten Ringen und tragen eine verhältnismäßig hohe Anzahl an Substituenten, besonders sauerstofffunktionelle Gruppen. Steinkohlen dagegen sind, aufgrund des höheren Inkohlungsgrads, aus 3 – Ring- und 4 – Ring-Komplexen aufgebaut.

Neben den organischen Verbindungen enthält Kohle mineralische Bestandteile, die im Wesentlichen auf zwei Wegen während des Entstehungsprozesses der Kohle in den Brennstoff eingelagert wurden.

- Eigenasche; die Mineralstoffe die aus dem pflanzlichen Ausgangsmaterial stammen.
- Fremdasche; die Mineralstoffe die entweder während der Sedimentation der Pflanzenreste (syngenetisch) oder danach (epigenetisch) in das Flöz hineingetragen wurden.

Bei Braunkohlen sind ein Teil der mineralischen Elemente und Verbindungen an die organische Kohlesubstanz chemisch gebunden, wie z. B. Kalziumhumatverbindungen, wohingegen sie bei Steinkohlen hauptsächlich als komplexere Mineralien in der Kohlestruktur eingebunden sind [35].
Ein Überblick über typische Mineralien, die in Kohlen enthalten sein können ist in Tabelle 1 gegeben.

Tabelle 1: Typische Mineralien die in Kohlen vorkommen [36, 46].

Gruppe	**Name**	**Strukturformel**
Tonmineralien	Kaolinit	$Al_2O_3 \cdot 2SiO_2 \cdot 2H_2O$
(Phyllosilicate)	Illit	$2K_2O \cdot 3MeO \cdot Al_2O_3 \cdot 24SiO_2 \cdot 12H_2O$
		Me = Fe, Ca oder Mg
	Montmorillonit	$Al_2O_3 \cdot 4SiO_2 \cdot nH_2O$
	Serizit	$K_2O \cdot 3Al_2O_3 \cdot 6SiO_2 \cdot 2H_2O$
Quarz	Quarz	SiO_2
Carbonate	Calcit	$CaCO_3$
	Dolomit	$CaMg[CO_3]_2$
	Siderit	$FeCO_3$
	Ankerit	$CaFe[CO_3]_2$
Sulfide	Pyrit	FeS_2
	Markasit	FeS_2
Feldspäte	Alkalifeldspäte	$(Na,K)[AlSi_3O_8]$
(Tectosilicate)	Plagioklase	$(Na_x,Ca_{1-x})[Al_{2-x}Si_{2+x}O_8]$ $(0 \leq x \leq 1)$
Sulfate	Gips	$Ca[SO_4] \cdot H_2O$
Phosphate	Apatit	$Ca_5[(F,Cl,OH)/(PO_4)_3]$
Oxide	Rutil	TiO_2
	Hämatit	Fe_2O_3
Halogenide	Halit	NaCl
	Sylvin	KCl

Im Weiteren wird speziell auf die Herkunft und Bindungsform von Kalium und Natrium im Brennstoff eingegangen. Die Herkunft von Kalium wird zum einen der ursprünglichen pflanzlichen Zellsubstanz zugeordnet [37] und zum anderen sedimentierten Tonmineralien. Der Natriumanteil im Brennstoff wird marinen Ursprungs zugeordnet, also das Eindringen von Salzwasser in die Lagerstätten während des Inkohlungsprozesses [38].

Die wesentlichen Bindungsformen der Alkalimetalle Natrium und Kalium im festen Brennstoff sind:

- Mineralisch (Tonmineralien, Feldspäte)
- Adsorbiert an der organischen Matrix, Humate (Na^+, K^+)
- Dissoziiert in der Kohlefeuchte als Chloride (NaCl, KCl)

Die Bindungsformen der Alkalien variieren je nach Lagerstätte und Inkohlungsgrad. Die Bindung an der organischen Matrix, an den Carboxylgruppen, ist hauptsächlich bei jüngeren Brennstoffen, wie z. B. Braunkohlen zu finden. Diese nimmt Alkalien in großer Menge als austauschbare Ionen auf. In Steinkohlen, also älteren, höher inkohlten Brennstoffen liegen die Alkalien häufig dissoziiert als Chloride und in mineralischer Form in Tonmineralien und Feldspäten vor [21].

3. 1. 2. Eigenschaften

Die Alkalimetalle Natrium und Kalium stehen in der ersten Hauptgruppe des Periodensystems der Elemente. Sie haben die Valenzelektronenkonfiguration s^1. Das s-Elektron wird leicht unter Bildung positiver Ionen abgegeben. Daher sind Alkalimetalle die reaktivsten Metalle und gehören damit zu den stärksten Reduktionsmitteln. Die Reaktivität nimmt mit der Ordnungszahl zu, d. h. das Kalium als reaktiver gilt als Natrium [39].

In Tabelle 2 sind für verschiedene Natrium- und Kaliumverbindungen die Schmelz- und Siedepunkte angegeben.

Tabelle 2: Schmelz- und Siedepunkte verschiedener Na und K-Verbindungen [94]

	$T_{Schmelz}$ [°C]	T_{Siede} [°C]		$T_{Schmelz}$ [°C]	T_{Siede} [°C]
Na	98	883	K	64	759
NaOH	323	1388	KOH	406	1323
NaCl	801	1465	KCl	771	1477
Na_2CO_3	858		K_2CO_3	901	
Na_2SO_4	884		K_2SO_4	1069	2097
Na_2O	1132		K_2O	878	
Na_2SiO_3	1089		$KAlSi_2O_6$	1686	
$NaAlSi_3O_8$	1100				
$NaAlSiO_4$	1523				

Deutlich ist zu erkennen, dass die Alkalimetalle in Verbindung mit Silizium und Aluminium, sogenannte Feldspäte oder auch Tectosililkate, höhere Schmelztemperaturen aufweisen, als Alkalihalogenide, -sulfate oder –carbonate. Hieraus lässt sich als erstes Indiz die Flüchtigkeit der Alkalimetalle im thermischen Prozess ableiten. Mit hoher Wahrscheinlichkeit können

Alkalien aus nicht-(alumo)silikatischer Verbindung aufgrund ihrer niedrigen Schmelzpunkte während des Verbrennungsprozesses in die Gasphase freigesetzt werden.

3. 2. Freisetzungs- und Einbindungsverhalten unter Feuerungsbedingungen

Versuche zur Freisetzung und Einbindung von Alkalien, Natrium und Kalium, sind an Modellsubstanzen und Kohlen in verschiedensten Versuchseinrichtungen durchgeführt worden. Dabei wird das Verhalten der Alkalien während der thermischen Umsetzung der Brennstoffe oder Modellsubstanzen im Wesentlichen durch ihre Bindungsform im Brennstoff, der Brennstoffzusammensetzung und den Feuerungsbedingungen bestimmt.

Das Freisetzungsverhalten der Alkalien aus Steinkohlen wurde von Wen et al. [40] in einem elektrisch beheizbaren Pyrolysereaktor untersucht. Hierzu wurden zum einen unbehandelte Kohlen und zum anderen in heißem Wasser gewaschene Kohlen im Reaktor bei Temperaturen von 1000 – 2000°C pyrolysiert. Die in die Gasphase freigesetzten Alkalien sind ständig mit Inertgas aus dem Reaktionsvolumen gespült und anschließend mit Hilfe der Atom Absorptions Spektroskopie (AAS) bestimmt worden. Die Spülung mit Inertgas verhinderte die Wiedereinbindung der gasförmigen Alkalien in die verbleibende Feststoffmatrix aus Koks und Asche. Mit diesem experimentellen Aufbau war es möglich die Alkalifreisetzung unabhängig von der Wiedereinbindung in den verbleibenden Reststoff zu betrachten.

Es zeigte sich, dass die Freisetzung der Alkalien bei den unbehandelten Kohlen zwischen 1100 °C bis 1200 °C begann. Ab 1400°C bis 1600°C war ein Plateau, also kein weiterer Anstieg der Freisetzung zu beobachten. Ab 1600 °C sind dann die restlichen Alkalien verstärkt freigesetzt worden. Im Gegensatz dazu erfolgte die Freisetzung der Alkalien aus der gewaschenen Steinkohle erst oberhalb von 1300 °C und stieg ohne eine Plateaubildung in einem Schritt an.

Weitere Versuche zum Freisetzungsverhalten von Natrium sind von Brinsmaed und Kear [41] durchgeführt worden. Sie dotierten reine Kohlenstoffpellets mit bekannten Mengen NaCl und behandelten sie bei verschiedenen Temperaturen (400 – 1050 °C) unter oxidierender und inerter, trockener und feuchter Gasatmosphäre in einem Laborofen. Bei konstanter Temperatur wurde nach jeweils 10 Minuten die Probe auf ihre Na und Cl Gehalte analysiert und über eine Massenbilanz die Freisetzungsrate bestimmt. Es zeigte sich, dass die Freisetzung von Na und Cl nicht proportional verlief. In der analysierten Probe wurden in etwa 10 – 30 % weniger Cl als Na gefunden. Erst bei 800°C, der Schmelztemperatur (801°C) von NaCl, konnte ein sprunghafter Anstieg der Natriumfreisetzung gemessen werden. Entsprechend der Dampfdruckkurve für NaCl hätte dieses vollständig verdampfen müssen. Aus dem unterschiedlichen Freisetzungsverhalten schloss man, dass es sich nicht um eine reine physikalische Verdampfung von NaCl handelte, sondern um eine chemische Reaktion, die aber von Brinsmead und Kear nicht weiter beschrieben worden ist. Ein Wechsel der oxidierenden Atmosphäre auf eine inerte (N_2) oder die Zugabe von Wasserdampf hatte keinen weiteren wesentlichen Einfluss auf das Freisetzungsverhalten. Im nächsten Schritt wurde das System um das Tonmineral Kaolin ($Al_2[(OH)_4/Si_2O]$) erweitert. Die Analysen ergaben, dass das Chlor vollständig in die Gasphase emittiert worden ist. Die Freisetzungsrate von Na wurde deutlich verringert. Angenommen wurde eine Einbindungsreaktion des Kaolins mit NaCl und O_2 aus der Luft zu Natriumsilikaten.

Das gleiche System, NaCl, Kaolin und Kohlenstoff, ist von Boow [42] bei höheren Temperaturen und Aufheizraten untersucht worden. Er konnte bestätigen, dass auch bei Aufheizraten von 100 K/s und Endtemperaturen von 1500 °C noch über 94 % des dotierten Natriums im festen Rückstand gefunden werden konnte.

Der gekoppelte Prozess der Alkalifreisetzung und Einbindung in einer Suspension, bestehend aus Verbrennungsgasen, abbrennenden Kohlepartikeln und deren mineralischer Substanz, wurde von Neville und Sarofim [43] untersucht. Dazu verbrannten sie Braunkohle und drei verschiedene Steinkohlen in einem Flugstromreaktor. Die dabei entstandenen Flugaschepartikel wurden mit einem Impaktor in verschiedene Korngrößenklassen fraktioniert und anschließend auf ihr Natriumgehalt analysiert.

Die Ergebnisse der Analyse zeigten, dass es neben der Freisetzung, dabei gehen sie von einem physikalischen Verdampfungsprozess aus, auch zu einer Einbindung des Natriums in die silikatische Matrix des Brennstoffs kam. Eine Erhöhung der Temperatur bewirkte eine verstärkte Freisetzung begünstigte aber auch die Einbindung, wobei das Schmelzen der Quarzpartikel für eine verstärkte Einbindung des Natriums ausschlaggebend ist. Solange der Quarz in fester Form vorliegt kam es nur zu Reaktionen des Natriums an der Oberfläche. Erst in geschmolzener Form ist die Diffusion des Natriums in das Quarzinnere ausreichend, um weiteres Natrium aus der Gasphase einbinden zu können. Der Vergleich der Versuchsergebnisse von drei Steinkohlen zeigte eine Zunahme des freigesetzten Natriums mit höheren Chlorgehalten in der Kohle und eine verbesserte Einbindung bei höheren Siliziumgehalten. Weiterhin konnten sie nachweisen, dass die Natriumkonzentration im analysierten Partikel mit abnehmender Partikelgröße ansteigt.

Ähnliche Ergebnisse wurden von Wibberley und Wall [44] erzielt. Sie testeten das Reaktionsverhalten zwischen Quarzpartikeln und natriumhaltigem Rauchgas in einem Fallrohrreaktor bei Temperaturen bis 1600 °C. Die chemische Untersuchung der Rückstände ergab, dass die Sulfatierung des Natriums bei Temperaturen unterhalb von 1130 °C stattfand. Die verstärkte Einbindung des Natriums in Silikate fand hauptsächlich im Temperaturbereich zwischen 1200 °C bis 1600 °C statt. Dabei stellte sich heraus, dass die Bildungsreaktion zu Natriumsilikat durch hohe Temperaturen sowie hohe Wasserdampf- und NaCl-Konzentrationen begünstigt wird. Sie vermuteten, dass die Bildungsgeschwindigkeit zu Natriumsilikat im Wesentlichen durch Diffusionsprozesse begrenzt wird.

Freisetzungs- und Einbindungsreaktionen zwischen den Alkalichloriden NaCl und KCl mit Tonmineralien wurden auch von Steffin [45] untersucht. Er stellte dazu Modellsubstanzen aus NaCl und KCl mit dehydriertem Metakaolin ($2SiO_2$ Al_2O_3) und mit dem basischen, dehydrierten Gehlenit ($2CaO$ SiO_2 Al_2O_3) her. Die Versuche mit den Reinsubstanzen (NaCl und KCl) sowie deren Mischungen mit den Tonmineralien sind in einer Thermowaage durchgeführt worden, in der Temperaturen bis 1600 °C sowie Drücke bis 20 bar realisiert werden konnten. Die Ergebnisse zeigen, dass der Freisetzung der Alkalien von der Tonmineraloberfläche in die Gasphase ein Desorptionsmechanismus zugrunde liegt. Die bisher in manchen Literaturstellen genannte Annahme eines physikalischen Verdampfungsprozesses gaben die Gewichtsverläufe der TGA (Thermogravimetrische Analyse) nur unzureichend wieder.

Die Gasatmosphäre ist von entscheidender Bedeutung für das Reaktionsverhalten der Alkalien gegenüber Metakaolin. In inerter (N_2, CO_2) bzw. reduzierender (CO) Atmosphäre kam es zu einer Freisetzung der Alkalichloride in die Gasphase, entsprechend der Reaktionsgleichung [3.1]. Eine Reaktion der Alkalien mit Metakaolin ist von O_2- bzw. H_2O-haltigem Reaktionsgas nach Reaktionsgleichung [3.2] bzw. [3.3] gefördert worden. Unter Einbeziehung von Sauerstoff oder Wasserdampf werden die Alkalichloride unter Abspaltung von molekularen Chlor oder Chlorwasserstoff im Metakaolin eingebunden.

$$MCl + 2SiO_2\,Al_2O_3 \xleftrightarrow{N2,CO2,CO} MCl_{(g)} + 2SiO_2\,Al_2O_3 \qquad [3.1]$$

$$MCl + 2SiO_2\,Al_2O_3 \longleftrightarrow 2MAlSiO_4 + Cl_{2(g)} \qquad [3.2]$$

$$MCl + 2SiO_2\,Al_2O_3 \longleftrightarrow 2MAlSiO_4 + 2HCl_{(g)} \qquad [3.3]$$

$$M = Na, K$$

Die Inkorporation der Alkalien in Tonminerale ist kinetisch und thermodynamisch gegenüber der Freisetzung begünstigt, wobei aus Entropiegründen die Reaktion mit Wasserdampf gegenüber Luftsauerstoff wahrscheinlicher ist. Die Geschwindigkeit der Einbindung wird durch die Diffusion der gebildeten Alkalioxide in das Innere des Tonminerals kontrolliert. Die daraus entstandenen Alkalialumosilikate setzten aus der Schlacke bis 1600 °C keine Alkalien frei, was ein Indiz für die geringe Aktivität der Alkalioxide in der Mineralschmelze ist.

Die Einbindung der Alkalien ist im Weiteren ganz wesentlich von den chemischen Eigenschaften der Mineralsubstanz abhängig. Versuche mit dem calciumhaltigen und dadurch basischen Gehlenit zeigten, dass die Aufnahme von NaCl unter O_2-haltiger Atmosphäre vollständig unterbunden wurde und unter H_2O-haltiger Atmosphäre nur eine untergeordnete Rolle spielte. Dieses konnte Steffin auch durch thermodynamische Gleichgewichtsberechnungen nachweisen. Die Inkorporation von Alkalien in basische Mineralien, z. B. calciumhaltige Verbindungen, führt aus thermodynamischer Sicht nicht zu einer Gleichgewichtsreaktion in Richtung der Bildung von Alkalicalciummineralen.

Dahingegen verschiebt die Reaktion der Alkalien mit aziden Mineralien, wie z. B. siliziumhaltige Verbindungen, das thermodynamische Reaktionsgleichgewicht in Richtung der Bildung von Alkalisiliziummineralen.

Weitere Versuche im Labormaßstab zum Freisetzungsverhalten von Alkalien aus Kohlenaschen wurden von Witthohn [46] durchgeführt. Er untersuchte dazu mit Hilfe der

Knudsen – Effusionsmassenspektrometrie (KEMS) Aschen, die er aus 7 Braunkohlen und 4 Steinkohlen herstellte bzw. im Kraftwerk sammelte. Mit KEMS war es nicht möglich, die Ausgangsbrennstoffe direkt zu vermessen. Die bei der thermischen Behandlung sonst entstehenden Pyrolyseprodukte würden zu einer Verschmutzung des empfindlichen Messgerätes und damit zu einem Ausfall führen. Weiterhin konnte der Einfluss der umgebenden Rauchgasatmosphäre nicht berücksichtigt werden, da das Messverfahren im Vakuum arbeitet. Die KEMS Messmethode bestimmt die Spezies und die jeweilige Menge bzw. ihren Partialdruck in der Gasphase über der Asche bzw. der Schlacke im Vakuum in Abhängigkeit der eingestellten Temperatur. Diese wurde nach einer Vorwärmung der Probe auf 200 °C in 50 °C Schritten bis auf 1800 °C erhöht.

Die Veraschung der Proben im Laborofen zeigte, dass der größte Teil der leichtflüchtigen Alkalien in den Silikatverbindungen der Asche zurückgehalten wurde. Das funktionierte umso besser, je höher der Anteil an sauren, silikatnetzwerkbildenden (SiO_2, Al_2O_3) zu basischen, netzwerkwandelnden (CaO, MgO) Komponenten war. Die Untersuchung mit KEMS ergab, dass die Freisetzung Na- und K-haltiger Spezies, trotz unterschiedlicher Bindung, qualitativ und quantitativ ähnliche Partialdrücke aufwiesen. Demnach unterliegen Natrium und Kalium während der Aufheizung ähnlichen Reaktionsmechanismen. Die Freisetzung kann grundsätzlich in drei, sich teilweise überlappende, Temperaturbereiche eingeordnet werden.

- 500...900 °C: Verdampfung vorwiegend als NaCl und KCl; mögliche Quellen sind Sylvin und Halit (Kali- und Kochsalz).
- 700...1100 °C: Verdampfung als Na, NaCl, Na_2SO_4, K, KCl, K_2SO_4; mögliche Quellen sind z. B. Carbonate, Sulfate sowie Tonmineralien.
- > 900 °C: Verdampfung vorwiegend als Na und K; Quellen sind silikatische Verbindungen.

Es konnte weiterhin nachgewiesen werden, dass eine verstärkte Freisetzung bei einer Temperatur um 1600 °C erfolgt, also die Freisetzung von Alkalien aus silikatischer Bindung.

Die chemische Analyse zweier Aschen aus einem Kraftwerk und einer Druckkohlenstaubfeuerungs – Versuchsanlage (DKSF) zeigte, dass im Vergleich zur Analyse der gleichen Kohle im Labor, höchstens 10 % der im Brennstoff enthaltenen Alkalien in die Gasphase freigesetzt worden sind. Die anschließende Analyse der gesammelten Aschen aus dem Kraftwerk und der Versuchsanlage mit KEMS zeigte, dass die restlichen Alkalien erst bei hohen Temperaturen aus der silikatischen Matrix freigesetzt werden konnten. Dabei konnte der Arbeit von Witthohn nicht entnommen werden, ob in den beiden realen Prozessen die oben genannte Temperatur von 1600°C erreicht wurde.

Weitere Versuche zum Verhalten der Alkalikomponenten unter Feuerungsbedingungen sind von Reichelt [47] mit Steinkohlen und Braunkohlen an einem Flugstromreaktor durchgeführt worden. Mit laserspektroskopischer On-line Messtechnik wurden die gasförmigen

Konzentrationen von Natrium und Kalium am Ende der Brennkammer gemessen. Je nach Versuchsbedingung und Brennstoff ermittelte der Autor Messwerte, die für Kalium im Bereich von 5 ppb bis 1, 7 ppm bei Steinkohle und 300 ppb bis 750 ppb bei Braunkohle lagen. Die Messwerte der gasförmigen Natriumkonzentrationen lagen bei der Verbrennung von Steinkohle im Bereich von 100 ppb bis 400 ppb und bei Braunkohle im Bereich von 2 ppm bis 10 ppm. Er postulierte, dass die Freisetzung im Frühbereich der Verbrennung stattfindet und es dann zu heterogenen Reaktionen zwischen gasförmigen Alkalien und festen, mineralischen Partikeln im Rauchgas kommt. Dazu variierte er die Verweilzeit und stellte eine starke Abhängigkeit der Konzentration gasförmiger Alkalien im Rauchgas fest. Die Konzentration sank mit steigender Verweilzeit. Die Begünstigung der heterogenen Reaktionen gasförmiger Alkalien mit der mineralischen Kohlesubstanz wurde dafür verantwortlich gemacht. Die Zugabe von 5 Ma-% Ton zur Steinkohle führte zusätzlich noch zu einer weiteren Absenkung der gasförmigen Alkalien durch eine Konzentrationserhöhung mineralischer Substanz. Weiterhin konnte er feststellen, dass die Alkalikonzentration im Rauchgas mit steigender Temperatur zunimmt. Das wurde der zusätzlichen Alkalifracht aus den Aschebestandteilen der Kohle zugeschrieben, die erst bei höheren Temperaturen freigesetzt werden.

Zusätzlich wurde eine Steinkohle im Labor mit einer Elutionsanalyse untersucht. Hierbei wird diese in mehreren Stufen in destilliertem Wasser, Ammoniumacetatlösung und verdünnter HCl-Lösung eluiert. Als nicht eluierbar gelten Alkalien in silikatischer Bindung. Man unterscheidet deshalb in „schwach“ (eluierbar) und „stark“ (silikatisch) gebundene Alkalien. Der Vergleich mit der Menge gasförmig freigesetzter Alkalien mit der eluierbaren Menge stimmte annähernd überein.

Fasst man die experimentell gefundenen Zusammenhänge des Verhaltens von Alkalikomponenten während der thermischen Behandlung zusammen, kann man erkennen, dass die Freisetzung im Wesentlichen in zwei Prozessen verläuft. Im niedrigen Temperaturbereich (ca. 1100 °C) werden die im Brennstoff „schwach“ gebundenen Alkalien freigesetzt. Steigt die Temperatur an, kommen zusätzlich noch „stark“ gebundene Alkalien aus der mineralischen Matrix hinzu. Dieser Effekt verstärkt sich, wenn die Schmelztemperatur erreicht ist. Werden die Versuchsbedingungen so gewählt, dass bereits freigesetztes Natrium und Kalium im Kontakt mit der mineralischen Substanz bleibt, konnte die Wiedereinbindung nachgewiesen werden. Diese ist diffusionslimitiert und erreicht ihr Optimum bei geschmolzener mineralischer Substanz. Der Prozess der Wiedereinbindung wird stark von der umgebenden Gasatmosphäre beeinflusst. Die Einbindung wird durch eine oxidierende Atmosphäre begünstigt und zusätzlich durch die Anwesenheit von Wasserdampf verstärkt. Eine Erhöhung der Verweilzeit, also eine längere Kontaktzeit zwischen gasförmigen Alkalikomponenten und mineralischer Substanz, wirkt sich ebenfalls auf eine verstärkte Wiedereinbindung aus.

3. 3. Thermodynamische Gleichgewichtsberechnungen zum Verhalten von Alkalikomponenten im Rauchgas

Ein weiterer Ansatz das Verhalten von Alkalikomponenten in Verbrennungsprozessen zu untersuchen, bietet die Modellierung mit Hilfe der thermodynamischen Gleichgewichtsberechnung. Die Grundlage solcher Berechnungen ist die Minimierung der freien Enthalpie chemischer Reaktionen in Abhängigkeit von Druck und Temperatur. Resultat der Berechnungen ist die Gleichgewichtszusammensetzung eines vorher definierten chemischen Systems. Die Ergebnisse solcher Berechnungen reagieren sehr sensitiv auf ihren Eingangsdatensatz, sprich auf die chemische Zusammensetzung des untersuchten Brennstoffs. Aus diesem Grund sind in dieser Arbeit thermodynamische Gleichgewichtsberechnungen mit den Daten der Brennstoffe durchgeführt worden, die im experimentellen Teil vermessen worden sind. In Kapitel 4 erfolgt die Beschreibung der chemisch, physikalischen Zusammenhänge der thermodynamischen Gleichgewichtsberechnungen.

Im Weiteren erfolgt hier eine kurze Zusammenfassung der Ergebnisse solcher Berechnungen, die von anderen Autoren veröffentlicht worden sind.

Halstead und Raask [48] berechneten das Gleichgewichtsverhalten von Natrium im Verbrennungsprozess bis zu Temperaturen von 1500 °C und stellten fest, dass unterhalb von 900 °C Natrium hauptsächlich in sulfatischer Bindung (Na_2SO_4) vorkam. Ab 900 °C bildete sich gasförmiges NaCl. Die Hydrolyse, die Umwandlung zu NaOH, fand ab einer Temperatur von 1200°C statt.

In den Berechnungen von Wibberley und Wall [49] wurde auch die Möglichkeit der Bildung von Natriumsilikaten berücksichtigt. Unterhalb von 1000 °C ist Na_2SO_4 in kondensierter Form die dominierende Spezies. Gasförmiges Na_2SO_4 ist im gesamten Temperaturbereich nur in untergeordneter Konzentration vorhanden. Im Temperaturbereich von 1000 bis 1500 °C stellen für die gasförmige Phase NaCl und für die flüssige Phase $Na_2Si_2O_5$ die wesentlichen Spezies dar. Auch hier ist die Hydrolyse des Natriums mit steigender Temperatur zu beobachten. Ab etwa 1500 °C ist NaOH die bevorzugte Spezies in der Gasphase.

Umfangreiche Untersuchungen mit thermodynamischen Modellierungsprogrammen zur Voraussage von Verschmutzungs- und Verschlackungsproblemen in Kraftwerksfeuerungen sind von Starke [50] durchgeführt worden. Zum Thema des Verhaltens von Alkalikomponenten im Rauchgas einer Staubfeuerung konnte auch er ermitteln, dass die Flüchtigkeit der Alkalien mit steigender Temperatur zunahm. Steigende Basizität der Schlacke und reduzierende Gasatmosphäre erhöhten die Alkaliflüchtigkeit zusätzlich. Besaß die Asche ein hohes Säure / Basen – Verhältnis, einen hohen Titan-Anteil sowie einen geringen Alkali- und Chlor-Anteil, konnte laut Berechnung das gesamte Natrium bis zu höchsten Temperaturen vollständig in die Schlacke eingebunden werden. Weiterhin fand Starke heraus, dass Kalium im Verbrennungsprozess wesentlich flüchtiger ist als Natrium.

Furimsky und Zheng [51] berechneten die Bildung von Alkali- und Chlorspezies im Temperaturbereich von 850 bis 950 °C. In ihren Untersuchungen variierten sie die Parameter

Luftzahl (1 und 1,1), Ca/S Verhältnis (0 bis 2,5) und die Chlormenge (190 ppm und 2770 ppm). Ihre Ergebnisse zeigen, dass NaCl und KCl die Hauptspezies der Alkalien im Rauchgas bilden und die Verbindungen KOH, NaOH, K_2SO_4 und Na_2SO_4 nur untergeordnet vorkommen. Bei geringen Chlormengen im Brennstoff sind KOH und NaOH die Hauptspezies in der Gasphase. Ein steigendes Ca/S Verhältnis ließ die Emission von gasförmigen Alkalichloriden ansteigen. Sie führten das auf eine Verdrängung von Natrium und Kalium aus fester alumosilikatischer Verbindung zugunsten der Bildung von Verbindungen aus Calcium, Silizium und Aluminium zurück. Eine Erhöhung der Luftzahl wirkte sich auf die Einbindung von Alkalien in Aluminiumsilikate aus und dementsprechend wurden weniger Alkaliverbindungen in der Gasphase berechnet. Weiterhin stellten sie fest, dass mit einer Erhöhung der Luftzahl das Gleichgewicht von Alkali – Aluminiumverbindungen zu Alkali – Aluminiumsilikatverbindungen verschoben wird.

Einflüsse auf die Bildung von gasförmigen Alkalispezies werden von hohen Temperaturen, hoher Basizität der Asche und reduzierender Gasatmosphäre ausgeübt. Im Allgemeinen kann für die Ergebnisse der thermodynamischen Gleichgewichtsberechnung festgehalten werden, dass Alkalichloride die Hauptspezies in der Gasphase sind, wobei sich das Gleichgewicht mit steigender Temperatur (> 1200 °C) zur Bildung von Alkalihydroxiden verschiebt. Laut Berechnungen gehen die Alkalien, die nicht in die Gasphase freigesetzt werden, hauptsächlich Verbindungen mit Silizium und Aluminium, die als Hauptbestandteile in der mineralischen Brennstoffmatrix enthalten sind, ein.

3. 4. Messmethoden zur Erfassung von Alkaliverbindungen im Verbrennungsprozess

In der Messtechnik wird zwischen off-line und on-line Messmethoden unterschieden.

Off-line Messverfahren sind durch den zeitlichen Verzug zwischen Probenahme und Analyse gekennzeichnet. Dabei setzt sich der zeitliche Verzug aus der Dauer der Probenahme, dem Transport vom Messort zur Analytik und der anschließenden Analytik zusammen. Dieser Ablauf kann im Bereich von Stunden liegen. Das Messergebnis von off-line Messungen stellt damit ein Mittelwert über den Zeitraum der Probenahme dar.

Im Gegensatz zu off-line Messungen ist bei on-line Messungen der Zeitverzug gering. Er liegt im Bereich von Sekunden. Messergebnisse können sofort visualisiert und damit das Messergebnis in Abhängigkeit der aktuellen Ereignisse im Prozess dargestellt werden. Bei dieser Form der Messung wird noch zwischen ex-situ und in-situ Methoden unterschieden.

Bei der ex-situ Methode wird das zu messende Gas mit einer Sonde aus dem Prozess abgezogen und dem Messgerät zugeführt. Je nach Länge des Systems Sonde/Leitung und Absauggeschwindigkeit können einige Sekunden vom Ereignis im Prozess bis zum Messergebnis vergehen. Der Nachteil dieser Messmethode sind mögliche Reaktionen der zu

messenden Verbindung, untereinander oder mit ihrer Umgebung, auf dem Weg zum Messgerät. Damit unterliegt diesem Verfahren ein systematischer Fehler, der aber durch geeignete Materialauswahl des Messgasweges und der Einhaltung von definierten Umgebungsbedingungen (z. B. Beheizung des Messgaswegs) minimiert werden kann.
In-situ Methoden messen direkt im Prozessraum. Damit entfallen der bei der ex-situ Methode beschriebene systematische Fehler und der Zeitverzug durch den Messgastransport. In diesem Fall ist die Darstellung des Ergebnisses nur noch von der Analysezeit des Messgerätes abhängig.

3. 4. 1. Off-line Messverfahren

Nasschemischer Nachweis

Die nasschemische Methode zur Erfassung gasförmiger Alkalien im Rauchgas ist ein extraktives off-line Messverfahren. Dazu wird ein definierter Rauchgasvolumenstrom abgesaugt und durch eine Absorptionslösung (z. B. destilliertes Wasser) geleitet. Im Labor wird anschließend die beladene Absorptionslösung und die Spülflüssigkeit, mit der die Entnahmesonde nach dem Messversuch gereinigt worden ist, beispielsweise mittels AAS, auf ihren Alkaligehalt analysiert. Der Vorteil dieser Messmethode ist der einfache Aufbau und die Verfügbarkeit, da bisher noch keine Alkalimesstechnik existiert, die über den Status des Prototypen hinaus im Handel angeboten wird. Der hohe Zeitaufwand für die Probenahme und die Analyse ist ein Nachteil dieser Methode.
Ein weiteres Problem ist die Abscheidung von Staub, Feinststaub und Aerosolen aus dem während der Messung abgesaugten, heißen Gases. Außer der gasförmigen Alkalifracht kann nicht ausgeschlossen werden, dass Feinstpartikel und Aerosole in die Absorptionslösung gelangen. Damit ist es unmöglich gasförmige Alkalien im Rauchgas exakt zu bestimmen, da die Messergebnisse durch Alkalien, welche sich in fester oder kondensierter Phase im Rauchgas befanden, beeinflusst werden. Weiterhin müssen sich die Materialien des Messaufbaus gegenüber den Alkalien aus dem Rauchgas chemisch und physikalisch inert verhalten. Ansonsten wird durch Reaktionen zwischen den abgesaugten Alkaliverbindungen und dem Material der Entnahmesonde oder durch Kondensationseffekte bei unbeheizter Sonde, die Alkalikonzentration auf dem Weg durch die Gasentnahme bis zur Absorptionslösung verfälscht. In Abbildung 3 ist ein möglicher Messaufbau einer extraktiven, nasschemischen Rauchgasprobennahme gezeigt.
Die im Bild dargestellte Kühlfalle gewährleistet die sichere Kondensation der gasförmigen Alkaliverbindungen, so dass ein Austrag gasförmiger Alkalien aus der Waschflaschenkaskade ausgeschlossen ist. Mit Pumpe, Ventil und Durchflussmesser wird ein konstanter Gasstrom eingestellt. Wichtig ist die exakte Messung des abgesaugten Gasvolumens mit Hilfe einer Gasuhr, um die später im Labor gemessene Alkalikonzentrationen in der Absorptions- und Spüllösung auf die Konzentration im Rauchgas umrechnen zu können.

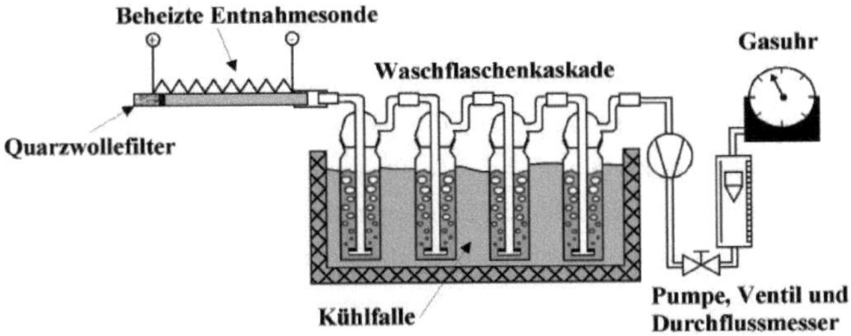

Abbildung 3: Schematische Darstellung einer extraktiven Rauchgasprobennahme.

Activated Bauxite Adsorption Method – AASB

Ähnlich wie bei der nasschemischen Messmethode wird bei diesem Messverfahren das alkalibeladene Rauchgas durch eine Adsorberpatrone gesaugt, die mit mehreren Schichten aktiviertem Bauxits befüllt ist [52], [53]. Anschließend wird das mit den Alkalien beladene Bauxit im Labor aufgeschlossen und analysiert. Die Konzentration der gasförmigen Alkalien im Rauchgas liefert der Quotient aus den Analysenwerten für Kalium bzw. Natrium mit der abgesaugten Rauchgasmenge. Wie bei der nasschemischen Extraktion besteht auch hier die Schwierigkeit, zwischen gasförmigen und festen oder kondensierten Alkaliverbindungen zu unterscheiden. Eine möglichst gute Partikelabscheidung während der Gasentnahme ist notwendig.

Mit beiden Verfahren, nasschemische Extraktion und AASB-Methode, können gasförmige sowie kondensierte Alkaliverbindungen (Alkalihalogenide, -hydroxide, -sulfate und –oxide) gemessen werden. Im Fall der AASB-Methode können auch Alkalien aus höheren mineralischen Verbindungen (Alkalialumosilikate) nachgewiesen werden, da das beladene Bauxit vor der Analyse aufgeschlossen werden muss. Der Konzentrationsbereich ist abhängig von der im Labor benutzten Messtechnik. Beispielsweise werden für die Flammenphotometrie für Kalium und Natrium Konzentrationsbereiche von 1 bis 10 ppm angegeben. Analysen der beladenen Absorptionsflüssigkeiten mit Hilfe der AAS lassen Nachweiskonzentrationen im sub-ppm Bereich zu [54]. Der apparative Aufwand am Messort ist in beiden Fällen gering und relativ robust gegenüber den speziellen Umgebungsbedingungen bei Messungen an Verbrennungseinrichtungen.

3. 4. 2. On-line Messverfahren

Flame Atomic Emission Spectrometer – FAES

Bei dieser Messmethode wird ein Teilstrom des Rauchgases aus dem Prozess mit einer Sonde abgezogen und in die Flamme eines Gasbrenners geleitet. Die Alkalimetallverbindungen werden in der Flamme dissoziiert, thermisch angeregt und mit einem Atom Emissions Spektrometer (AES) detektiert. Kalibriert wird mit Alkalisalzlösungen bekannter Konzentration. Messtechnisch können gasförmige und kondensierte Alkaliverbindungen, erfasst werden. Die nachgewiesenen Alkalikonzentrationen liegen zwischen0,7 bis 16,8 ppb. Der apparative Aufwand ist, verglichen mit den off-line Messmethoden, höher, da außer der Probennahme noch der Analysator (AES) am Messort eingesetzt wird. Mit dieser Methode kann die Konzentration gasförmiger Alkalien annähernd in Echtzeit gemessen werden [53].

Fiber Optic Alkali Monitor - FOAM

Mit dem FOAM-Messverfahren können gasförmige und kondensierte Alkalimetallverbindungen im Rauchgas von Feuerungen on-line gemessen werden. Dazu wird ein Teilstrom des Rauchgases abgezogen und einem Gasbrenner zugeführt, wo es in der Flamme dissoziiert und thermisch angeregt wird. Die daraus folgende emittierte Lichtintensität wird in ein Lichtleiterkabel fokussiert und zum Detektionssystem geleitet. Die spezifischen Wellenlängen für Kalium und Natrium werden aus dem Lichtspektrum gefiltert und mit Photodetektoren gemessen. Die Zuordnung des elektrischen Signals der Photodetektoren zur Menge der Alkalien im Rauchgas erfolgt durch die Kalibration des Messgeräts mit Salzlösungen bekannter Konzentration. Der Messbereich wird mit einer Konzentration von 800 ppt bis 24 ppm angegeben [55], [56]. Der apparative Aufwand hält sich direkt am Messpunkt in Grenzen. Die empfindliche Detektionseinheit kann durch das Lichtleiterkabel vom Ort der Probennahme getrennt werden.

Plasma Excited Atomic Resonance Line Spectroscopy – PEARLS

Dieses on-line Messverfahren basiert auf die Dissoziation und Anregung von gasförmigen und kondensierten Alkalimetallverbindungen durch einen 2100 °C bis 2500 °C heißen Stickstoffplasmastrahl. Ein Teilstrom des Rauchgases wird durch eine beheizbare Probennahmesonde dem Plasmastrahl zugeführt in dem die Alkaliverbindungen thermisch dissoziiert und angeregt werden. Die Menge der Alkalien im Rauchgas wird anschließend spektroskopisch, entweder mit der Absorptions- oder Emissionsspektroskopie, erfasst. Es können außer den gasförmigen Alkalispezies auch Alkalien aus kondensierten Aerosolen < 10 µm detektiert werden. Die untere Messgrenze wird für die Erfassung durch Emissionsspektroskopie mit 1 ppb angegeben [56], [57]. Die Messapparatur besteht aus einer kurzen, beheizten Probennahmesonde, die direkt mit der Plasmastrahl- und Spektroskopieeinheit verbunden ist.

Surface Ionisation – SI

Das Messprinzip der Oberflächenionisation nutzt den Effekt, dass Alkaliverbindungen auf heißen Platinoberflächen dissoziieren und die Alkalien als positiv geladene Ionen freigesetzt werden. Die Alkaliverbindungen aus dem Rauchgas können gasförmig oder in fester Form, bis zu einer Partikelgröße < 5 nm mit diesem Messsystem on-line und ex-situ bestimmt werden. Dazu trifft das Rauchgas auf eine elektrisch auf 1500 K geheizte Platinwendel, auf der die Ionisation stattfindet. Im elektrischen Feld wandern die Alkaliionen von der Platinwendel zur Elektrode. Die Spannung an der Elektrode ist proportional zur Alkalimenge im Gas. Die zeitliche Auflösung liegt im Sekundenbereich. Die untere Messgrenze ist mit 1 ppb angegeben. Gemessen wird die Summe aus Natrium und Kalium. Eine Unterscheidung zwischen den beiden Elementen ist bisher nicht möglich [58], [59]. Wie im Fall der PEARLS-Methode handelt es sich um eine Messapparatur in kompakter Bauweise, die über die integrierte Probennahmesonde mit dem Verbrennungsreaktor verbunden ist.

Tunable Diode Laser Absorption Spectroscopy – TDLAS

Bei dieser on-line und in-situ Messtechnik werden als Lichtquelle Diodenlaser eingesetzt, deren Emissionswellenlänge in spektraler Nähe zu der Absorptionslinie der zu untersuchenden Spezies liegt. Das Messprinzip beruht auf der schmalbandigen, selektiven Absorption von Infrarotstrahlung durch die entsprechenden Atome in der Gasphase. Die Lichtschwächung ist dabei der Konzentration des entsprechenden Atoms im durchstrahlten Rauchgasweg, der Strahlweglänge und des Extinktionskoeffizienten nach dem Lambert Beer'schen Gesetz proportional. Bisher können mit dieser Methode im Bereich der Alkalimetallmesstechnik nur elementares Lithium (Absorptionswellenlänge = 670,8 nm), Kalium (769,9 nm, 766,5 nm), Rubidium (794,8 nm, 780 nm) und Cäsium (894,5 nm, 852,1 nm) nachgewiesen werden. Der Nachweis von elementarem Natrium (589nm) konnte bisher mangels geeigneter Lichtquelle noch nicht mit dieser Technik durchgeführt werden.
Elementar vorliegendes Kalium konnte im Versuch bis zu einer unteren Nachweisgrenze von $7{,}5 * 10^6$ Kaliumatomen/cm^3 Gas nachgewiesen werden [60], [61]. Zum apparativen Aufwand dieser Messmethode und zur maximal möglichen Länge des durchstrahlbaren Weges finden sich keine Angaben.

In-Situ Alkali Continuous Monitoring – IACM

Zur Bestimmung von gasförmigen Kalium- und Natriumchloriden in Kraftwerkskesseln wurde das IACM-Messverfahren entwickelt. Es arbeitet im on-line Verfahren und kann in-situ eingesetzt werden. Das Messergebnis ist das Summensignal aus Natrium und Kalium, wobei nicht zwischen den beiden Elementen unterschieden werden kann. Dem Messprinzip liegt die Absorption von UV-Licht durch gasförmige KCl- und NaCl-Verbindungen bei der Durchstrahlung des Kessels zugrunde. Messergebnisse werden alle 5 bis 10 Sekunden ausgegeben. Die untere Messgrenze wird mit 1 ppm angegeben [62], [63]. Zum apparativen Aufwand der Messungen konnten keine Informationen gefunden werden.

Excimer Laser Induced Fragmentation Fluorescence – ELIF

Mit der ELIF – Messmethode können on-line die Chloride, Hydroxide und Oxide vom gasförmigen Kalium und Natrium im Rauchgas von Feuerungen nachgewiesen werden. Dazu werden die Alkaliverbindungen mit der Energie eines gepulsten Laserstrahls dissoziiert und angeregt. Das Fluoreszenzlicht wird auf Photodetektoren geleitet. Die dabei entstehende elektrische Spannung ist proportional zur Alkalimenge im Rauchgas. Das ELIF Messsystem wurde im Rahmen dieser Arbeit eingesetzt und ist im experimentellen Teil genau beschrieben.

Knudsen-Effusionsmassenspektroskopie – KEMS

Das KEMS Messverfahren [46] ist eine Methode, mit der sich die Spezies in der Gasphase über einer festen oder flüssigen Probe identifizieren und deren Partialdrücke ermitteln lassen. Gemessen werden können prinzipiell Spezies mit einer relativen Atom- bzw. Molekülmasse bis 340 u und Partialdrücken zwischen 10E-05 Pa und 100 Pa bei Temperaturen von 20 bis 1800 °C. Messungen mit KEMS lassen sich nur unter Laborbedingungen durchführen. Messungen in Kraftwerken oder Versuchsanlagen sind aufgrund der empfindlichen Bauteile nicht möglich. Im Wesentlichen besteht das Messsystem aus vier im Ultrahochvakuum angeordneten Funktionseinheiten.

- Knudsenzelle: In der beheizbaren Knudsenzelle befindet sich die Probe. Durch die Effusionsöffnung im Deckel treten die Gasmoleküle aus der Gasphase über der aufgeheizten Feststoffprobe in Richtung des Analysators aus.
- Ionenquelle: Hier erfolgt die Ionisation der Moleküle durch Beschuss mit aus einer Kathode emittierten und in einem elektrischen Feld beschleunigten Elektronen.
- Quadrupol-Massenfilter: Hier erfolgt die Trennung der ionisierten Moleküle in einem hochfrequenten elektrischen Feld, nach dem Verhältnis von Molekülmasse zu Ladung. Entsprechend der eingestellten Feldparameter können nur Teilchen mit einem bestimmten Molekülmasse / Ladungs – Verhältnis das Filter passieren.
- Detektorsystem: Zur Erzeugung eines der Teilchenzahl und damit dem Partialdruck proportionalen elektrischen Signals kommen ein Ionenzähler und ein Ionenstromdetektor zum Einsatz.

3. 5. Alkalimessungen in industriellen Feuerungsanlagen

Im Folgenden ist ein Überblick von Messergebnissen gasförmiger Alkalikonzentrationen gegeben, die an industriellen Feuerungsanlagen durchgeführt worden sind.

In einer zirkulierenden Wirbelschicht mit 20 MW thermischer Leistung führten Hansen et al. [64] Messungen zur Bestimmung der Konzentration von Natrium und Kalium im Rauchgas durch. Verbrannt wurde während der Messung ein Brennstoffgemisch aus 14,1 Gew-% Kohle, 35,5 Gew-% Stroh und 50,4 Gew-% Holzhackschnitzel. Gemessen wurde direkt über dem Brennstoffbett, nach Zugabe der Sekundärluft (T ~ 720 °C), nach Zugabe der Tertiärluft (T ~ 820 °C) und vor Eintritt in den Zyklon (T ~ 710 °C). Die Bestimmung der gasförmigen Alkalien erfolgte nach der zuvor beschriebenen nasschemischen Methode. Dazu wurde das

Rauchgas mit einer Sonde abgesaugt und durch gekühlte Waschflaschen geleitet. Die anschließende AAS Analyse im Labor ergab die in Tabelle 3 wiedergegebenen Werte.

Tabelle 3: Messergebnisse für Natrium und Kalium nach HANSEN et al. [64]

Messort	Natrium [ppm]	Kalium [ppm]
Nach Zugabe Sekundärluft (gemessen)	0,1 – 1,9	0,3 – 2,3
Maximal möglich (berechnet)	32	433
Nach Zugabe Tertiärluft (gemessen)	0,1 – 0,3	0,2 – 0,8
Maximal möglich (berechnet)	30	397
Vor Eintritt Zyklon (gemessen)	0,5 – 1,1	0,3 – 1,5

Zusätzlich sind in Tabelle 3 die maximal möglichen, berechneten Werte für Natrium und Kalium angegeben. Der Vergleich der Messwerte mit den berechneten zeigt, dass unter den untersuchten Bedingungen der größte Teil der im Brennstoff enthaltenen Alkalien nicht in die Gasphase freigesetzt wurde. Die Messungen an den Stellen „nach Sekundärluft“ und „nach Tertiärluft“ sind zeitgleich durchgeführt worden. Man erkennt eine Abnahme der Alkaliemission mit zunehmender Höhe und damit zunehmender Verweilzeit in der Wirbelschichtanlage. Eine Begründung für den erneuten Konzentrationsanstieg der Alkalien vor dem Zyklon wird nicht gegeben. Wahrscheinlich sind instabile Betriebsbedingungen dafür verantwortlich, da diese Messung nicht zeitgleich mit den beiden anderen durchgeführt worden sind und somit nicht zu vergleichen ist.

Die Messung gasförmiger Alkalien während der Verbrennung von Steinkohle sind an einer Druckwirbelschichtanlage mit 72 MW thermischer Leistung von DAIJOU et al. [53] durchgeführt worden. Die Messstelle lag nach der Entstaubung durch einen Keramikfilter, vor Eintritt in die Gasturbine. Sie nutzten für die Messung zwei Verfahren: „Activated Bauxite Adsorption Method“ (AASB) und „Flame Atomic Emission Spectrometer“ (FAES). Im ersten Messverfahren, AASB, wurde das Rauchgas durch ein beheiztes und ebenfalls unter Druck stehendem Adsorberbett aus aktiviertem Bauxit geleitet. Im Labor wurde anschließend das beladene Adsorberbett aufgeschlossen und mittels AAS analysiert. Im zweiten Verfahren, FAES, ist das Rauchgas in eine Brennerflamme geleitet worden, wo es dann zeitgleich spektrometrisch (Atomemission) analysiert worden ist. Versuchsbedingungen und Messergebnisse sind in Tabelle 4 aufgelistet.

Tabelle 4: Versuchsbedingungen und Messergebnisse nach DAIJOU et al. [53].

Last [%]	**T** $_{Messstelle}$ [°C]	**p** $_{Anlage}$ [bar]	**AASB Messung** [ppb]		**FAES Messung** [ppb]	
			Na	**K**	**Na**	**K**
54	650 - 660	7,3	0-6,5	0-1,5	1,9-3,7	0,7-1,3
100	793 - 804	10,3	8,9	1,5	0,9-7,8	0,5-1,4

keramischen Kerzenfilter gemessen worden ist, kann als eine mögliche Erklärung für die geringe Alkaligaskonzentration die lange Verweilzeit und der intensive Kontakt mit der mineralischen Substanz (Brennstoffasche, Additive, Bettmaterial, Filterstaub und Filterkerze) genannt werden. Möglicherweise fanden Reaktionen zwischen gasförmig vorliegenden Alkaliverbindungen mit abgeschiedenen Produkten aus dem Verbrennungsraum zu festen Verbindungen statt, die dann messtechnisch nicht mehr nachgewiesen werden konnten.

Die Wirksamkeit von Brennstoffadditiven zur Senkung der gasförmigen KCl Konzentration ist von HENDERSON et al. [63], [65] getestet worden. Durchgeführt wurden die Versuche an einer holzgefeuerten, zirkulierenden Wirbelschicht mit einer thermischen Leistung von 35 MW. Zum Einsatz kam eine neuentwickelte Alkalimesstechnik, „In Situ Alkali Chloride Monitoring"; IACM, die gasförmiges NaCl und KCl detektieren kann. Gemessen wurde in der Wirbelschicht vor dem ersten Überhitzerpaket. Betrieben wurde die Anlage während der Versuche unter Volllast. Über weitere Versuchsbedingungen, wie z. B. die Temperatur an der Messstelle, ist nichts bekannt. Ohne die Zugabe der Additive ist eine KCl Konzentration im Rauchgas von etwa 21 ppm gemessen worden. Die Zugabe von elementarem Schwefel ergab eine KCl Konzentration von 14 bis 15 ppm. Die Zugabe eines industriell gefertigten Produkts namens „ChlorOut", dessen chemische Zusammensetzung nicht bekannt ist, ergab eine Absenkung der Konzentration auf 4 bis 5 ppm. Gleichzeitig ist die Verschmutzung und Verschlackung mit Ansatzsonden untersucht worden. In den Ansätzen die bei der Verbrennung von Holz ohne Additivzusatz erzeugt worden sind, konnte Chlor gefunden werden. Die Ansätze der Verbrennung mit Additiv wiesen kein Chlor, dafür aber höhere Schwefelgehalte im Vergleich zum Ansatz ohne Additivzugabe auf. Es wird im Weiteren keine Erklärung zum Mechanismus der Reaktion, die Senkung der gasförmigen KCl Konzentration, gegeben. Eine Erklärung, aus den Messergebnissen IACM und Ansatzsonde, lässt den Schluss nahe, dass das gasförmige KCl sulphatisiert worden ist und damit für die Alkalimesstechnik nicht mehr erfassbar war.

Fasst man die Messungen in industriellen Feuerungsanlagen zusammen, sind bisher nur Messungen unter Wirbelschichtbedingungen durchgeführt worden. Die wenigen Versuche zur Erfassung gasförmiger Alkalien in industriellen Feuerungen weisen zudem einen starken

Streubereich der Messwerte auf. Die Freisetzungs- und Einbindungsreaktionen hängen demnach sehr stark von der Anlagengeometrie und den Verbrennungsbedingungen ab. Der Einsatz unterschiedlicher Brennstoffe und die Änderung der Brennstoffchemie durch die Zugabe von Additiven zeigen eine klare Abhängigkeit des Verhaltens gasförmiger Alkalien im Feuerungsprozess. Der Einsatz unterschiedlichster Messverfahren sorgt ebenfalls für nicht vergleichbare Ergebnisse, da beispielsweise in einem Fall Rauchgas nasschemisch untersucht wurde, wobei nicht auszuschließen ist, dass alkalibeladene Feinstpartikel und Aerosole mit in die Waschflüssigkeit gelangten und im anderen Fall nur gasförmige Alkalichloride gemessen wurden. Dennoch bieten die an industriellen Anlagen gewonnenen Messergebnisse Orientierungswerte zur Einschätzung von Messergebnissen an Labor- und halbtechnischen Versuchsanlagen.

3. 6. Fazit

Es existieren bisher viele essentielle Aussagen über das Verhalten der Alkalimetalle in Feuerungsprozessen. Diese sind bei unterschiedlichsten Feuerungsbedingungen und mit unterschiedlichsten Messtechniken durchgeführt worden. Allein die Arbeitsweise der Messtechniken zur Erfassung von Alkalimetallverbindungen im Rauchgas von Feuerungen lässt einen direkten Vergleich der verschiedenen Ergebnisse nicht zu. Eine umfassende Betrachtung über das Verhalten gasförmiger Alkalikomponenten im Rauchgas einer Kohlenstaubfeuerung ist bisher nicht durchgeführt worden. Daher ist das Ziel dieser Arbeit das Verhalten gasförmiger Alkaliverbindungen im Rauchgas einer Kohlenstaubfeuerung durch die breite Variation von Verbrennungsparametern, den gezielten Eingriff in die Brennstoffchemie, Variation der Verbrennungsgasatmosphäre sowie durch Berechnungen, die Simulation des thermodynamischen Gleichgewichts der Verbrennungsprodukte unter den Rahmenbedingungen des experimentellen Teils, zu untersuchen. Um dieser Zielsetzung nahe zu kommen, der Einschätzung der Betriebsprobleme verursacht durch gasförmige Alkalikomponenten und daraus resultierenden Gegenmaßnahmen, soll in dieser Arbeit der fehlende, umfassende Datensatz erstellt und bewertet werden.

4. Methoden, Versuchsprogramm, -aufbau und -durchführung

In diesem Kapitel werden die Methoden, das Versuchsprogramm und der Versuchsaufbau beschrieben, welche in der vorliegenden Arbeit verwendet worden sind, um das Verhalten der gasförmigen Alkalikomponenten in Staubfeuerungen zu untersuchen und zu charakterisieren.

4. 1. Labortechnische Methoden

4. 1. 1. Brennstoffcharakterisierung und -ergebnisse

Die in den Versuchen eingesetzten Brennstoffe und Additive wurden im Labor umfassend charakterisiert. Folgende Analysen sind durchgeführt worden:

- Immediatanalyse: Wassergehalt, Flüchtige, Restkoks, Asche
- Elementaranalyse: C, H, N, S, O
- Chloridgehalt
- Aschezusammensetzung, Röntgenfluoreszenzanalyse
- Brennwert (Ho) und Heizwert (Hu)
- Ascheschmelzverhalten
- Partikelgrößenverteilung

Die Durchführung der Analysen und die dazu verwendeten Laboreinrichtungen sind in den Arbeiten von Heinzel [11] und Storm [66] genau beschrieben.

Für die Verbrennungsversuche wurde gemahlene Steinkohle aus dem Saarrevier (Götelborn) und Braunkohle aus dem Lausitzer Revier (LAUBAG) verwendet. In Tabelle 5 sind die charakteristischen Analysewerte der Kurz-, Elementar- und Ascheanalyse sowie die Ergebnisse der Ascheschmelzanalyse und die mittlere Partikelgröße des Kohlenstaubs, d_{50}, gezeigt. Die Zusammensetzung der Tonerde aus dem rheinischen Braunkohlerevier ist ebenfalls in Tabelle 5 angegeben.

Auffällig gegenüber der Steinkohle ist der sehr geringe Chloranteil in der Braunkohle. Die Analyse der mineralischen Substanz zeigt charakteristische Werte für Stein- und Braunkohle. Die Summe aus Si, Al und Fe-Oxiden ist im Vergleich zur Braunkohle hoch (84,7 %) und typisch für Steinkohlen. Die Hauptelemente in der Braunkohleasche sind Kalzium und Eisen sowie ein hoher Restschwefelgehalt, der wahrscheinlich mit dem hohen Kalziumgehalt korreliert und als $CaSO_4$ vorliegen könnte.

In der Steinkohleasche ist verglichen mit Natrium ein ca. 6-fach höherer Gehalt an Kalium zu finden. Die Natrium- und Kaliummenge in der Braunkohleasche ist ausgeglichen.

Tabelle 5: Analysenwerte für die eingesetzten Brennstoffe und des Additivs.

		Steinkohle	Götelborn	Braunkohle	LAUBAG	Tonerde
		Mittelwert	S.Abweichung	Mittelwert	S.Abweichung	
Feuchte	%roh	1.48	0.45	9.55	0.07	1.6
Flüchtige	%roh	34.84	3.45	49.95	0.35	8.3
C_{fix}	%roh	57.19	0.58	35.2	0.28	0
Asche (815°C)	%roh	6.39	2.28	5.15	0.07	90.1
C	%roh	74.38	1.24	56.35	0.21	0.27
H	%roh	4.87	0.23	5.05	0.07	1.1
O (Differenz)	%roh	10.74	1.08	22.67	0.28	6.84
N	%roh	1.20	0.13	0.53	0.00	< BG
S	%roh	0.78	0.05	0.68	0.01	< BG
Cl	%roh	0.18	0.01	0.03	0.00	< BG
H_u	MJ/kg roh	29.99	0.62	21.15	0.03	
SiO_2	% in Asche	43.82	0.17	9.00	0.42	63.22
Al_2O_3	% in Asche	27.35	2.02	10.80	0.28	30.73
Fe_2O_3	% in Asche	13.53	1.10	22.40	1.41	1.49
MnO	% in Asche	0.19	0.01	0.23	0.01	0.003
MgO	% in Asche	3.00	0.15	7.45	0.07	0.75
CaO	% in Asche	5.61	0.83	22.20	1.13	0.13
Na_2O	% in Asche	0.45	0.11	0.48	0.01	0.12
K_2O	% in Asche	3.00	0.56	0.49	0.01	2.28
TiO_2	% in Asche	0.77	0.05	0.19	0.01	1.14
P_2O_5	% in Asche	0.11	0.00	0.12	0.01	0.07
SO_3	% in Asche	1.93	0.12	24.50	0.00	< BG
C+H+N in Asche	% in Asche	0.26	0.20	0.26	0.03	0.06
Rest	% in Asche			1.89	2.73	
Sr	$mg/kg_{Br.}$ roh	1020		2440	113.14	160
Ba	$mg/kg_{Br.}$ roh	2080		795	7.07	330
Cu	$mg/kg_{Br.}$ roh					
Zn	$mg/kg_{Br.}$ roh	640				
Cr	$mg/kg_{Br.}$ roh					
Ascheschmelzverhalten						
Erweichungstemperatur	°C	1130	169.71	1280*		1030
Halbkugeltemperatur	°C	1315	21.21	1420*		>1400
Fließtemperatur	°C	1350	42.43	1440*		>1400
Partikelgröße						
d_{50}	µm	28.7	6.65	77.5	7.78	78

*) aus [83], alle anderen Werte aus IVD Labor

Die Tonerde wurde in den Verbrennungsversuchen zur definierten Änderung der Aschezusammensetzung in verschiedenen Masseanteilen eingesetzt. Hauptelemente der Tonerde sind Silizium- und Aluminiumverbindungen und ein hoher Anteil Kalium was typisch für Tonmineralien ist.

Um den Na-Anteil des Brennstoffes zu erhöhen, kam noch der organische Natriumträger Natriumacetat (CH_3COONa, Reinheit > 99%) als Zuschlagstoff zum Einsatz. Der Vorteil der Anwendung von Na-Acetat ist, dass keine zusätzlichen anorganische Elemente außer Natrium in den Verbrennungsprozess eingebracht wurden.

Zur späteren Interpretation der gemessenen Alkaligaskonzentrationen im Rauchgas der Verbrennungsversuche sind die molaren Verhältnisse relevanter Brennstoffelemente in Tabelle 6 angegeben.

Tabelle 6: Molare Verhältnisse

Kennzahl	1	2
	$\frac{Cl}{Na+K}$ [mol]/[mol]	$\frac{S}{2\cdot(Na+K)}$ [mol]/[mol]
Steinkohle	1,02	2,43
Braunkohle	0,63	7,95
Steinkohle + 1Ma-% Na-Acetat	0,68	1,64

Kennzahl 1 beschreibt das molare Verhältnis von Chlor zu Natrium und Kalium im Brennstoff. Im Fall der Steinkohle ist ein stöchiometrisches Verhältnis zur Bildung von Alkalichloriden vorhanden. Im Fall der Braunkohle und der Mischung aus Steinkohle und Natriumacetat ist das Verhältnis unterstöchiometrisch. Das bedeutet, dass sich die Alkalien Natrium und Kalium nicht komplett in chloridische Form umwandeln können.

Die Kennzahl 2 beschreibt die Verhältnisse zur Bildung von Alkalisulfaten. In allen Fällen ist Schwefel in überstöchiometrischer Menge enthalten, so dass theoretisch eine vollständige Bildung von Alkalisulfaten möglich ist.

Eine weitere Kennzahl zur späteren Interpretation der Messergebnisse ist das so genannte Base-Säure-Verhältnis. Das Base-Säure-Verhältnis (B/A) wird nach [85] aus der Zusammensetzung der Brennstoffasche wie folgt definiert:

$$B/A = \frac{Fe_2O_3 + CaO + MgO + Na_2O + K_2O}{SiO_2 + Al_2O_3 + TiO_2}$$

In den Verbrennungsversuchen wurde gezielt die mineralische Zusammensetzung der Steinkohle durch die Zugabe von 1 und 4 Ma-% Tonerde variiert. Mit der Zugabe der Tonerde wird der Anteil der sauren Aschebestandteile leicht erhöht, siehe Tabelle 7.

Die Einbindung der basischen, gasförmigen Alkalikomponenten erfolgt nach einer Säure-Base Reaktion [45], [50]. Es sollte also mit absinkendem B/A-Verhältnis eine Einbindung der gasförmigen Alkalien in die mineralische Kohlesubstanz begünstigt werden.

Tabelle 7: Base-Säure-Verhältnis der Steinkohle / Tonerde Mischungen

	Anteil der Tonerde in der Steinkohle [Ma-%]		
	0	1	4
B/A =	0,36	0,355	0,343

4. 1. 2. Beschreibung und Durchführung der sequentiellen Extraktion

Außer den oben genannten, standardmäßigen Analyseverfahren zur Charakterisierung der Brennstoffe, sind diese zusätzlich einer sequentiellen Extraktion unterzogen worden. Das Ergebnis dieser Methode ist die vereinfachte Identifizierung der Bindungsformen der Alkalimetalle in der Brennstoffmatrix.

Dazu wird die gemahlene Kohle mit selektiv wirkenden Lösungsmitteln in mehreren Stufen behandelt. Die Behandlungsdauer in jeder Stufe beträgt dabei ca. 24 h. Innerhalb dieser Zeitspanne werden die jeweils in dieser Stufe löslichen Alkalimetalle in das Extraktionsmittel überführt [67]. Nacheinander wird die Kohle, nach jeweiliger Trocknung bis zur Gewichtskonstanz, mit destilliertem Wasser, einer Lösung aus Ammoniumacetat (CH_3COONH_4) und verdünnter Salzsäure (HCl) behandelt. Die Rahmendaten zur Vorgehensweise der sequentiellen Extraktion, wie z. B. die oben genannte Extraktionsdauer, Temperatur, Verhältnis von eingewogener Kohle zu Lösungsmittel sind aus der Literatur [67] [68], [69] entnommen worden.

Stufe 1, destilliertes Wasser:

In der ersten Stufe sollen die wasserlöslichen Alkalien aus der Kohlenmatrix extrahiert werden. Es wird erwartet, dass hauptsächlich Alkaliionen aus Alkalichloridverbindungen, die dissoziiert im Restwassergehalt der Kohle vorliegen sowie Na^+- und K^+-Ionen, die adsorptiv an die poröse organische Matrix gebunden sind, aus der Kohle herausgelöst werden.

Stufe 2, Ammoniumacetatlösung:

Organisch, an Humate gebundene Alkalimetallionen werden in der Ammoniumacetatstufe ausgetauscht. Der Austauschprozess der Alkaliionen (Bsp.: Na^+) aus der organischen Kohlenmatrix (allgemein: R^-) ist mit dem Austausch von Kationen an Kationenaustauschern, in diesem Fall Ammoniumacetat (CH_3COONH_4) als Protonenspender (H^+), zu vergleichen. Die Austauschreaktion für Metalle, am Beispiel für Natrium, lautet im Allgemeinen [70]:

$$H^+R^- + Na^+ + H2O \leftrightarrow NaR + H_3O^+$$

Die oben genannte Reaktion verläuft bei der sequentiellen Extraktion, also der Desorption der an die Brennstofforganik gebundenen Alkaliionen in die Flüssigphase von rechts nach links ab. Die Verwendung von Ammoniumacetatlösung als Kationenaustauscher hat den Vorteil, dass keine weiteren, die Analyse verfälschenden, Metallkationen in die Kohle eingebracht werden.

Stufe 3, HCl Lösung:
In der letzten Extraktionsstufe werden alle salzsäurelöslichen Alkalien aus ihren Mineralstoffverbindungen in der Kohlenmatrix gelöst. Das sind Alkalien, die in einfacher mineralischer Bindungsform, wie z. B.: Alkalien aus oxidischer, sulfidischer, sulfatischer oder carbonathaltiger Verbindung, in der Kohle vorliegen. Die restlichen im Brennstoff verbliebenen Alkalien liegen in Tonmineral- und Silikatverbindungen vor [67].

Der letzte Schritt der sequentiellen Extraktion ist der Mikrowellenaufschluß der nun dreifach extrahierten Kohle, um die in der mineralischen Substanz verbliebenen Alkalien quantitativ zu erfassen.
Die Durchführung der sequentiellen Extraktion ist in Abbildung 4 schematisch dargestellt.

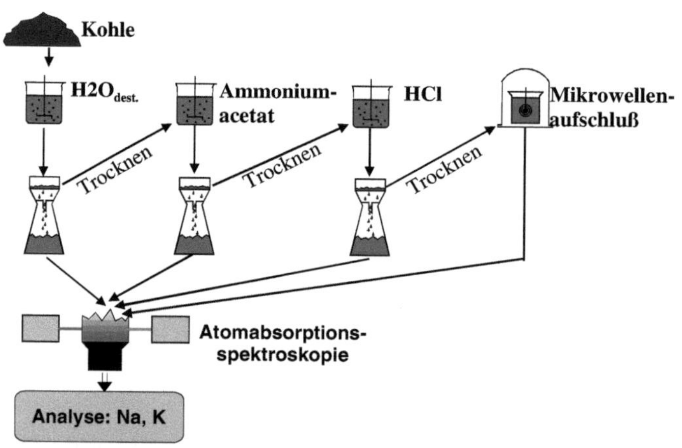

Abbildung 4: Schematische Darstellung der sequentiellen Extraktion zur Bestimmung der Bindungsformen der Alkalimetalle in der Kohlematrix.

Im Labor ist für die Extraktionsstufen 2 und 3 eine 1mol Lösung aus Ammoniumacetat und eine 1mol Lösung aus 37 % HCl gemischt worden. Das Mischungsverhältnis der Kohle zum jeweiligen Extraktionsmittel betrug 1 zu 4, d. h. es wurde jeweils 1 g Kohle mit 4 ml Lösungsmittel versetzt. Die Anfangsmasse in der ersten Stufe (dest. Wasser) betrug 100 g Kohle.
Anschließend ist die Mischung aus Kohle und Extraktionsmittel bei konstanter Temperatur von 60 °C für 24 h mit einem beheizbaren Magnetrührer gerührt worden. Das Gefäß zur

Aufnahme der Mischung aus Kohle und Extraktionsmittel wurde verschlossen, um Flüssigkeitsverluste durch Verdampfung zu vermeiden. Die Trennung von Fest- und Flüssigphase erfolgte mit Hilfe der Vakuumfiltration.
Das beladene Extraktionsmittel ist mittels AAS auf seinen Gehalt an Natrium und Kalium analysiert worden. Die Umrechnung der Na bzw. K Menge aus dem Eluat auf die Kohlemenge erfolgte nach folgender Formel (am Bsp. von Na):

$$x_{Na}\ [mg/kg_{Kohle}] = c_{Na}\ [mg/ml] * m_{Spez.}\ [ml/g_{Kohle}] * [10^{-3}\ g_{Kohle}/kg_{Kohle}]$$

mit:	c_{Na}	Na Konzentration im beladenen Extraktionsmittel
	$m_{Spez.}$	Einwaage, hier: 4 ml / 1gKohle
	x_{Na}	Anteil Na pro kg Kohle

Die nach der Filtration verbliebene Kohle wurde wieder bis zur Gewichtskonstanz getrocknet und im Verhältnis 1 zu 4 mit dem Extraktionsmittel der jeweiligen nächsten Stufe vermischt und ist, wie vorher beschrieben, behandelt worden.
Zusätzlich ist für jede Stufe ein so genannter Blindversuch durchgeführt worden. Bis auf die Zugabe von Kohle wurden die Versuchsparameter gleich gehalten. Hiermit wurde die Menge der Alkalien aus dem Reaktionsgefäß und evtl. „verschmutzten“ Extraktionsmittel quantifiziert und damit die späteren Ergebnisse korrigiert.

4. 2. Theoretische Methoden

4. 2. 1. Beschreibung und Durchführung der Thermodynamischen Gleichgewichtsberechnungen

Die thermodynamischen Gleichgewichtsberechnungen wurden mit dem Computerprogramm FactSage 5.1 [71] und HSC [94] durchgeführt. Grundlage der thermodynamischen Berechnung ist die Minimierung der Gibbs'schen Energie (freie Enthalpie) des betrachteten Systems. Das Gleichgewicht ist stets dann erreicht, wenn das chemische Potential μ jedes einzelnen, im System vorhandenen Stoffes in allen Teilen des Systems gleich ist. Unter Verwendung des 1. Hauptsatzes der Thermodynamik, dem Satz von der Erhaltung der Energie, kann das chemische Potential μ wie folgt hergeleitet werden.

$$dU - dQ + p \cdot dV = 0 \qquad \text{(reversible Volumenarbeit)} \qquad [4.1]$$

Um eine Aussage über die Richtung eines Prozesses machen zu können, ob ein Prozess freiwillig abläuft oder äußere Arbeit aufgewendet werden muss, wird die Zustandsgröße der Entropie S eingeführt. Sie ist definiert als:

$$dS = \frac{dQ_{rev}}{T} \qquad \text{bzw.} \qquad dQ_{rev} = T \cdot dS \qquad [4.2]$$

Somit ergibt sich für Gleichung (4.1) in differentieller Form:

$$dU + pdV - TdS = 0 \qquad [4.3]$$

$$\text{bzw.} \quad (dU)_{V,S} = 0$$

Diese Gleichgewichtsbedingung ist aber wegen der ungünstig festgelegten Randbedingungen V = const. und S = const. für praktische Anwendungen kaum zu gebrauchen. Zur Formulierung praktikabler Gleichgewichtsbedingungen muss daher eine geeignete neue thermodynamische Funktion eingeführt werden. Man ersetzt:

$$TdS = d(TS) - SdT \quad \text{und} \quad pdV = d(pV) - Vdp$$

und erhält:

$$d(U + pV - TS) - Vdp + SdT = 0$$

mit:

$$H = U + pV$$

folgt:

$$d(H - TS) - Vdp + SdT = 0$$

Da der Ausdruck in der Klammer nur von Zustandsgrößen abhängt, kann dafür eine neue Zustandsgröße, die Freie Enthalpie oder auch Gibbs-Energie, G eingeführt werden.

$$dG - Vdp + SdT = 0 \qquad [4.4]$$

$$\text{bzw.} \quad (dG)_{p,T} = 0$$

Das chemische Potential μ eines Stoffes i in einem Gemisch ist definiert als die partielle Ableitung der Freien Enthalpie G nach der Stoffmenge n_i.

$$\mu_i = \left(\frac{\partial G}{\partial n}\right)_{p,T,n_j} \qquad [4.5]$$

Für isotherme und isobare Bedingungen lässt sich die Gleichung schreiben:

$$dG = \sum_i \mu_i dn_i \qquad [4.6]$$

Das Gleichgewicht ist erreicht, wenn die Potentialfunktion des Systems für die gewählten Bedingungen einen Extremwert erreicht. Im Falle der Freien Enthalpie *G* ist es ein Minimum und wird dargestellt als:

$$G = min. \qquad \text{oder} \qquad dG = 0$$

Das chemische Potential einer Komponente einer Mischphase ist von deren stofflichen Zusammensetzung sowie von der Temperatur und dem Druck abhängig. Es wird zerlegt in zwei Anteile: In das chemische Standardpotential und das chemische Mischungspotential. Am Beispiel eines idealen Gases soll ein konkreter Ausdruck für das chemische Potential eines Stoffes gebildet werden. Für T = const. ist die Freie Enthalpie:

$$(dG)_T = Vdp$$

Die Integration unter Zuhilfenahme des idealen Gasgesetztes führt zum Ergebnis:

$$G(T,p) = G^0(T) + \int_{p^0}^{p} nRT \frac{dp}{p} = G^0(T) + nRT \cdot \ln \frac{p}{p^0}$$

Teilt man durch die Stoffmenge n erhält man, erweitert für ein ideales Gasgemisch:

$$\mu_i = \mu_i^0(T) + RT \cdot \ln\left(\frac{p_i}{p^0}\right) \qquad [4.7]$$

Das chemische Potential der Komponenten kondensierter Mischphasen hängt in ähnlicher Weise vom Molenbruch ab wie das der Komponenten von Mischungen idealer Gase. Man schreibt:

$$\mu_i = \mu_i^0(T) + RT \cdot \ln x_i \qquad [4.8]$$

Mit Hilfe dieser chemischen Potentiale (μ_i) kann das thermodynamische Gleichgewicht berechnet werden. Dazu ist die Kenntnis der thermodynamischen Stoffdaten notwendig um die Gleichgewichtszusammensetzung eines Systems in Abhängigkeit von der Temperatur und dem Umgebungsdruck zu berechnen. Das zu berechnende System muss im ersten Schritt definiert werden. Eingangsverbindungen und die zu erwartenden Ausgangsverbindungen müssen ausgewählt werden. Diese Verbindungen mit ihren thermodynamischen Daten sind in den Datenbanken der Berechnungsprogramme hinterlegt. Ein mathematisches Iterationsverfahren ermöglicht es nun, den Gleichgewichtszustand eines Multikomponenten- und Multiphasensystems bei vorgegebener Temperatur und Druck zu berechnen. Dazu wird systematisch die Menge aller im System definierten Spezies variiert, bis ein Minimum der Freien Enthalpie gefunden ist [50], [72], [73].

Mit der thermodynamischen Gleichgewichtsberechnung kann man Aussagen über die bevorzugte Reaktionsrichtung chemischer Reaktionen treffen. Nicht berücksichtigt wird die Kinetik der Reaktion, welche entscheidet, ob es einen Weg gibt, auf dem das vorausgesagte Gleichgewicht in verbrennungstechnisch reeller Zeit erreicht werden kann. Es wird immer eine ideale Durchmischung und Temperaturverteilung angenommen. Weiterhin können physikalische Prozesse wie z. B. Partikelkeimbildung, Agglomerations-, Adsorptions- und Diffusionsprozesse im Rauchgas nicht berücksichtigt werden. Die Bildung von Rauchgassträhnen, Temperaturschieflagen und Konzentrationsunterschieden wie sie im realen Prozess vorkommen, können ebenfalls keine Berücksichtigung im Berechnungsprogramm finden. Trotz der genannten Limitierungen bietet die thermodynamische Gleichgewichtsberechnung jedoch ein nützliches Werkzeug, um mögliche Reaktionen der Brennstoffbestandteile untereinander abschätzen zu können [74].

Die Eingangsdaten zur Durchführung der thermodynamischen Gleichgewichtsberechnung sind die Ergebnisse der chemischen Analyse der Kohlen und Additive, nach Tabelle 5. Berechnet wurde damit das temperatur- und druckabhängige Gleichgewicht der Spezies in der Gas- und Festphase für den Fall der Verbrennung ($\lambda \geq 1$). In Tabelle 8 ist eine Übersicht über die berechneten Fälle (Änderung der Luftzahl, Brennstoffzusammensetzung) gegeben.

Damit der Gleichgewichtszustand des Verbrennungsprozesses berechnet werden kann, ist es erforderlich, die folgenden Prozessparameter zu definieren:

- Temperatur und Druck,
- chemische Elemente, bzw. Spezies des Systems sowie deren Menge und Temperatur im Eintritt,
- Auswahl der möglichen Ausgangsverbindungen.

Die Abbildung 5 zeigt schematisch die Vorgehensweise der hier durchgeführten thermodynamischen Gleichgewichtsberechnung.

Die Edukte setzen sich aus dem Brennstoff, der Verbrennungsluft und gegebenenfalls dem Zuschlagstoff zusammen. Die Menge und Art der in den Prozess eingetragenen Haupt- und Mineralelemente wurde aus den Ergebnissen der Kohlenanalyse gewonnen. Die zur entsprechender Luftzahl und Kohle passende Verbrennungsluftmenge wurde durch die

Verbrennungsrechnung bestimmt. Je nach Berechnungsfall wurde der Datensatz um die Art und Menge der Zuschlagstoffe erweitert. Die weiteren Parameter zur Berechnung des Gleichgewichts waren die Festlegung des Drucks und der Temperatur. Für den Druck wurde der Standarddruck von 1013 mbar definiert. Die Temperatur wurde in Schritten von 50 °C zwischen 400 und 1400 °C variiert.

Der Reaktionsraum, also die Bedingungen unter denen die Berechnungen stattfinden, wird als Reaktor mit idealer Durchmischung und Temperaturverteilung angesehen, in dem stets, ohne kinetische Hemmnisse, das Gleichgewicht erreicht wird.

Die Produktspezies wurden aus der Programmdatenbank ausgewählt. Sie unterteilten sich in Gasphase (Rauchgas) und Fest- bzw. Flüssigphase (Asche, Schlacke). Die Auswahl der Produktspezies richtete sich nach Vorausberechnungen und Angaben aus der Literatur, wie z.B. in [14], [50], [84]. Im Anhang A1 ist die Liste der ausgewählten Spezies für diese Berechnungen angegeben.

Tabelle 8: Parametervariationen der thermodynamischen Gleichgewichtsberechnungen.

Nr.	Brennstoff	λ	Zuschlag	Anmerkung
1	Steinkohle, Götelborn	1,15	-	Referenz
2	Steinkohle, Götelborn	1,3	-	
3	Steinkohle, Götelborn	1,5	-	
4	Steinkohle, Götelborn	1,15	1 Ma% Ton	
5	Steinkohle, Götelborn	1,15	4 Ma% Ton	
6	Steinkohle, Götelborn	1,15	4-fach Cl	
7	Steinkohle, Götelborn	1,15	4-fach S	
8	Steinkohle, Götelborn	1,15	1,4-fach H_2O	
9	Steinkohle, Götelborn	1,15	1Ma% Na-Acetat	
10	Braunkohle, LAUBAG	1,15	-	
11	Braunkohle, LAUBAG	1,3	-	
12	Braunkohle, LAUBAG	1,5	-	

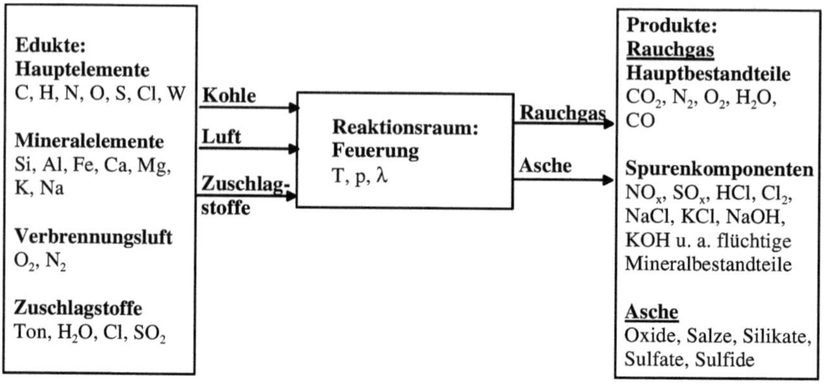

Abbildung 5: Edukte, idealer Reaktionsraum und Produkte der thermodynamischen Gleichgewichtsberechnung.

4. 3. Versuchseinrichtungen

4. 3. 1. Beschreibung des Verbrennungsreaktors und Versuchsdurchführung

Die Verbrennungsversuche mit der Stein- und Braunkohle sowie die Mischungen mit Additiven wurden am Verbrennungsreaktor des IVD, Uni Stuttgart, durchgeführt. Der Verbrennungsreaktor zur Durchführung von isothermen Verbrennungsversuchen besteht aus

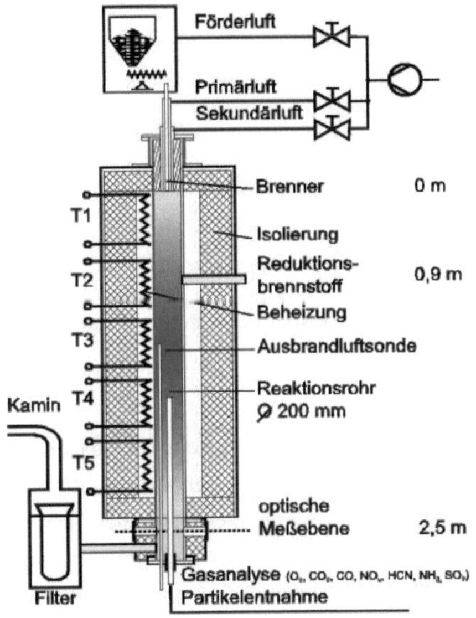

Abbildung 6: Schematische Darstellung des Verbrennungsreaktors.

einem elektrisch beheizten Keramikrohr mit einem Durchmesser von 200 mm und einer beheizten Länge von 2500 mm. Abbildung 6 zeigt eine schematische Darstellung des Verbrennungsreaktors. Über die abschnittsweise Beheizung mit einer Heizleistung von ca. 26 kW kann der Verbrennung ein Temperaturprofil aufgeprägt werden. Die Beheizung ist in fünf Heizzonen gegliedert, die eine Nenntemperatur von maximal 1400 °C erlaubt. Unterhalb des elektrisch beheizten Reaktionsrohres schließt sich ein ca. 700 mm langes, unbeheiztes, keramisches Verlängerungsrohr gleichen Durchmessers an. Dieser Reaktionsrohrabschnitt besteht aus einem Außenrohr aus hochwarmfesten Stahl, das mit einer 60 mm dicken Innenisolierung aus keramischen Formsteinen ausgekleidet ist. In diesem Bereich (350 mm unterhalb des elektrisch beheizten Bereiches) befindet sich eine Messebene mit 4 optischen Zugängen in 90° Anordnung. Eine Abnahme der Temperatur zwischen beheizter Reaktorstrecke und unbeheizter Strecke bis zur optischen Messebene konnte mit dem gewählten Versuchsaufbau nicht verhindert werden. In Abbildung 7 ist für die Verbrennung von Steinkohle, die an der Messstelle herrschende Gastemperatur gegenüber der eingestellten Reaktionsrohrtemperatur in Abhängigkeit von der Verweilzeit (Rauchgasmenge), dargestellt.

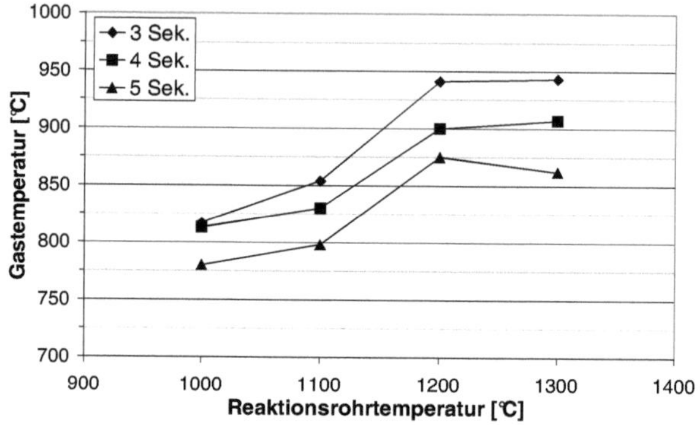

Abbildung 7: Temperaturunterschied zwischen eingestellter Reaktionsrohrtemperatur und Messstelle in Abhängigkeit der Verweilzeit.

Die Brennstoffzugabe erfolgt volumetrisch mit einem Schneckenförderer über eine Injektorsonde zum Brenner. Im Brenner wird das Gemisch aus staubförmigen Brennstoff und Traggas mit der primären und sekundären Verbrennungsluft in den Reaktor eingebracht. Die zur Verbrennung notwendige Luftmenge setzt sich aus den drei verschiedenen Luftströmen zusammen. Dabei dient die Förderluft zur kontinuierlichen Brennstoffzuführung und wurde während der Versuche auf einen konstanten Wert von 1,5 m^3_n/h eingestellt. Primär- und Sekundärluft werden dem im Brenner axial austretenden Brennstoff konzentrisch zugemischt. Der, je nach geforderter Versuchseinstellung, benötigte Verbrennungsluftbedarf wird durch proportionales Verändern von Primär- und Sekundärluft ($V_{primär}/V_{sekundär}$ = const.) eingestellt. Dadurch werden ein jeweils gleiches Verhältnis der Austrittsgeschwindigkeiten am Brennermund und ein damit ähnliches Strömungsbild der Flamme erreicht. Die Dosierung aller Luftströme wird durch kalibrierte Massendurchflussmeter eingestellt. Als Leitgröße für die Regelung der Verbrennungsluftmenge wurde im Verbrennungsversuch die Sauerstoffkonzentration im Abgas herangezogen. Die Abgasprobenahme erfolgt über eine Gasabsaugsonde, die kurz unterhalb der Messebene positioniert ist. Der abgezogene Rauchgasteilstrom am Austritt des Reaktors wurde gereinigt und über eine beheizte Messgasentnahmeleitung, einem Messgaskühler und nachfolgend mehreren Gasanalysatoren zur Bestimmun der O_2, CO_2, CO, NO_x und SO_2 Konzentration zugeführt.

4. 3. 2. Durchführung der Verbrennungsversuche

Die im Folgenden beschriebenen Parameter der Verbrennungsversuche wurden weitestgehend den Gegebenheiten eines modernen kohlenstaubgefeuerten Kraftwerks angepasst.

Industrielle Staubfeuerungen werden mit Luftzahlen von 1,2 bis 1,3 [85] betrieben. Die ungefähren Temperaturbereiche in einem mit Steinkohlestaub gefeuerten Kessel sind in Abbildung 8 gezeigt [86]. Die Gastemperatur im Strahlungsteil (Verdampfer) beträgt dort ca. 1200 °C. Im konvektiven Bereich kühlt sich das Rauchgas von etwa 1150 °C bis auf etwa 520°C am Endüberhitzer ab. Angaben zur Verweilzeit in einem kohlenstaubgefeuerten Kraftwerk (St. Andrä, Österreich) finden sich in [87]. Die Verweilzeit von der niedrigsten Brennerebene bis zum Eintritt in den Konvektivbereich beträgt dort 3,5 Sekunden. Dazu kommt noch eine Verweilzeit von 5,5 Sekunden für das Durchströmen des Konvektivbereichs.

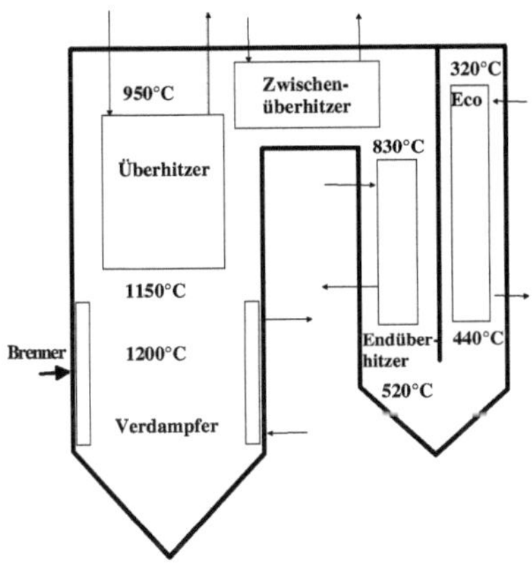

Abbildung 8: Rauchgastemperaturen in einem Kohlestaubfeuerungskessel [86].

Die Luftzahlen in den Verbrennungsversuchen wurden von 1,15 bis 1,5 variiert. Die Temperaturbereiche der Verbrennungsversuche im elektrisch beheizten Versuchsreaktor sind von 1000 °C bis 1300 °C eingestellt worden. Nach dem Durchströmen des elektrisch beheizten Teils, kühlte sich im Versuch das Rauchgas bis zur Messebene auf eine Temperatur von 775°C bis 950°C ab. Die Gasverweilzeiten im Verbrennungsversuch wurden auf 3, 4 und 5 Sekunden vom Brenneraustritt bis zur Messebene eingestellt. Die Auswahl der Versuchsparameter Luftzahl, Temperatur und Verweilzeit sind damit den Gegebenheiten eines modernen, kohlenstaubgefeuerten Kraftwerks angepasst.

Einschränkend muss hier gesagt werden, dass die Verweilzeit zwischen hoher Temperatur im elektrisch beheizten Teil (1000 – 1300°C) bis zur niedrigeren Temperatur in der Messebene (775 – 950°C) nicht der eines industriellen Kraftwerks angepasst werden konnte. Sie war im Versuch mit ca. 0,5 Sekunden Verweildauer geringer.

In tabellarischer Form sind im Folgenden die Versuchsparameter, bei denen die Konzentration gasförmiger Alkalispezies, Natrium und Kalium, im Rauchgas gemessen worden sind, dargestellt. Die charakteristischen Werte und chemische Zusammensetzung der eingesetzten Brennstoffe und Zuschlagstoffe sind in Tabelle 5 angegeben.

Die Brennstoffe Stein- und Braunkohle sind nach den Parametern in Tabelle 9 und Tabelle 10 mit konstanter Luftzahl bei verschiedenen Reaktionsrohrtemperaturen und Verweilzeiten, bzw. bei konstanter Temperatur mit variierender Luftzahl und Verweilzeit verbrannt worden.

Diese Versuche galten als Referenzversuche, zum späteren Vergleich mit den Ergebnissen der Alkalimetallemissionsmessungen während der definierten Änderung der Brennstoff- und Rauchgaszusammensetzung.

Tabelle 9: Versuchsmatrix mit konstanter Temperatur.

	Konst.: T =	1300°C	
τ [s]	λ_1 1,15	λ_2 1,3	λ_3 1,5
3	$C_{Na, K}$ [ppm]	$C_{Na, K}$ [ppm]	$C_{Na, K}$ [ppm]
4	$C_{Na, K}$ [ppm]	$C_{Na, K}$ [ppm]	$C_{Na, K}$ [ppm]
5	$C_{Na, K}$ [ppm]	$C_{Na, K}$ [ppm]	$C_{Na, K}$ [ppm]

Tabelle 10: Versuchsmatrix mit konstanter Luftzahl.

	Konst.: λ = 1,15			
τ [s]	T_1 [°C] 1000	T_2 [°C] 1100	T_3 [°C] 1200	T_4 [°C] 1300
3	$C_{Na, K}$ [ppm]	$C_{Na, K}$ [ppm]	$C_{Na, K}$ [ppm]	$C_{Na, K}$ [ppm]
4	$C_{Na, K}$ [ppm]	$C_{Na, K}$ [ppm]	$C_{Na, K}$ [ppm]	$C_{Na, K}$ [ppm]
5	$C_{Na, K}$ [ppm]	$C_{Na, K}$ [ppm]	$C_{Na, K}$ [ppm]	$C_{Na, K}$ [ppm]

Tabelle 11: x-fache Menge HCl, SO_2, H_2O zur reinen Kohleverbrennung.

HCl	SO_2	H_2O
2	-	-
3	-	-
4	-	-
-	2	-
-	3	-
-	4	-
-	-	1.1
-	-	1.3
-	-	1.4
-	-	1.5
2	1.5	1.2
1.5	2	1.2
1.5	1.5	1.3

Im nächsten Schritt wurde die chemische Zusammensetzung der Steinkohle durch die Zugabe von Additiven, Tonerde und Natriumacetat, gezielt variiert. Dazu sind drei Mischungen aus Steinkohle mit 1 Ma-% und 4 Ma-% Tonerde sowie mit 1 Ma-% Natriumacetat hergestellt und dann unter den in Tabelle 10 genannten Bedingungen verbrannt und vermessen worden.

Im letzten Versuchsschritt ist der Einfluss des Chlors, des Schwefels und der Rauchgasfeuchte auf das Emissionsverhalten der Alkalimetalle untersucht worden. Diese Komponenten konnten mit Hilfe eines im Folgenden noch beschriebenen Gasgenerators der

Verbrennungsluft zudosiert werden. In Tabelle 11 ist ein Überblick über die dosierten HCl-, SO_2- und H_2O Mengen gegeben. Tabelle 12 zeigt die ausgewählten Verbrennungsparameter, die während dieser Versuchsreihe eingestellt worden sind. Für jede Gasmischung sind dann die Variationen der Reaktionsrohrtemperatur und Verweilzeit nach Tabelle 12 durchgeführt und vermessen worden.

Tabelle 12: Versuchsmatrix während der Variation von HCl, SO_2, H_2O

Konst.:	$\lambda = 1{,}15$
T [°C]	τ [s]
1100	3
1200	3
1200	4
1200	5
1300	3

Die Menge des zusätzlichen HCl, SO_2 oder H_2O im Rauchgas richtete sich nach der Konzentration, die bei der reinen Kohleverbrennung vorlag. Dazu wurde diese Konzentration, die so genannte Grundkonzentration, im ersten Schritt rechnerisch bestimmt. Im nächsten Schritt wurde die nötige Menge und damit die Einstellung des Gasgenerators berechnet (siehe Kapitel 4. 3. 3), um die gewünschte Konzentrationserhöhung um den Faktor x, nach Tabelle 11, im Abgas zu erreichen.

Mit der hier beschriebenen Variation verschiedener Versuchsparameter konnte die gasförmige Natrium- und Kaliumkonzentration im Rauchgas einer Kohlenstaubfeuerung untersucht werden, in Abhängigkeit von:

- Temperatur
- Luftzahl
- Verweilzeit
- Variation der mineralischen Substanz (Tonerde, Natriumacetat)
- Variation der HCl-, SO_2- und H_2O Konzentration

Die Einstellung der Luftzahl erfolgte nach der Sauerstoffkonzentration im Abgas und wurde vorher anhand der Kohlenanalyse berechnet.

Die im Verbrennungsversuch eingestellte Gasverweilzeit hängt von der Rauchgasmenge und der Reaktorgeometrie und damit letztendlich von der zugeführten Kohle- und der dazu benötigten Verbrennungsluftmenge ab. Dazu wurde eine Simulation der Strömungsverhältnisse im Verbrennungsreaktor mit dem Programmcode AIOLOS durchgeführt.

AIOLOS ist ein am IVD entwickeltes dreidimensionales Verbrennungssimulationsprogramm und erlaubt die numerische Simulation der Strömungs-, Verbrennungs- und Wärmeübertragungsvorgänge in Feuerungen [88]. Für die im Versuch eingesetzte Kohle und den gewählten Verbrennungsbedingungen ist von Hilber [89] die Simulation der Strömungsverhältnisse durchgeführt worden, mit dem Ziel die Gas- und Partikelverweilzeiten zu bestimmen. Weiterhin wurde überprüft, bis zu welcher Partikelgröße der Schlupf zwischen

Partikel- und Gasstrom zu vernachlässigen war. Bei den in den Versuchen eingesetzten Kohlen kann aufgrund der Partikelgröße (siehe Tabelle 5) der Schlupf vernachlässigt und damit mit der Gasverweilzeit gerechnet werden.

Die Gasverweilzeit ist durch die Reaktorgeometrie (Abstand des Messortes vom Brennermund) und der jeweiligen berechneten Gasgeschwindigkeit im Reaktor definiert.

$$\tau_{(z)} = \sum_{i=1}^{z} \frac{\Delta L_{(i)}}{w_{(i)}}$$

darin sind: $\tau_{(z)}$: Verweilzeit bis zur Reaktorlänge z [s]

$\Delta L_{(i)}$: Längenabschnitt in z-Richtung [m]

$w_{(i)}$: Gasgeschwindigkeit am Punkt i in z-Richtung [m/s]

Die Partikelverweilzeit hängt von der relativen Partikelgeschwindigkeit im Reaktor ab. Sie ist abhängig vom mittleren Partikeldurchmesser (d_{50}), von der Partikelform (Sphärizität, Ψ), von der Partikeldichte und von den Stoffdaten des umgebenden Gases.

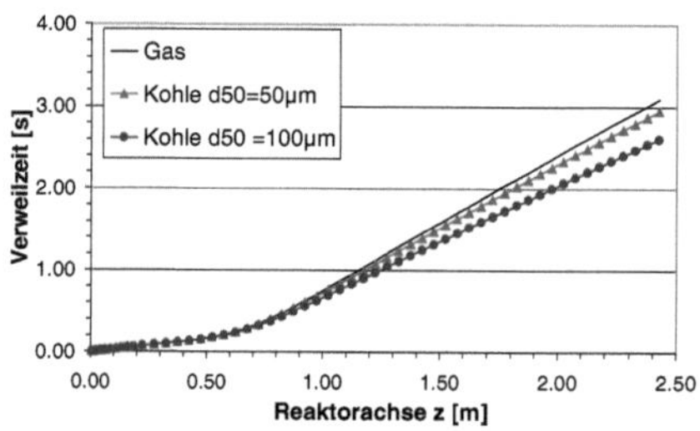

Abbildung 9: Vergleich der Gas- und Partikelverweilzeit.

Es konnte mit Hilfe der Simulationsergebnisse nachgewiesen werden, dass die Gas- und Partikelverweilzeiten für Partikel mit einem mittleren Korndurchmesser d_{50} = 50 µm annähernd gleich sind. Die Abweichung beträgt in diesem Fall nach 2m Reaktorlänge ungefähr 4%. In Abbildung 9 ist der Vergleich zwischen Gas- und Partikelverweilzeit über der Reaktorlänge für eine Temperatur von 1400 °C dargestellt. Die Partikelverweilzeit ist das Ergebnis der Berechnung für die Verbrennung von Göttelborn-Steinkohle mit unterschiedlichen Korngrößen bei 1400 °C, λ = 1,15 und einem Kohlemassenstrom von 1 kg/h.

Die Berechnung der Kohlen- und Luftmengen erfolgte im Rückschluss über die vorher festgelegten Gasverweilzeiten bis zur Messebene (3, 4 und 5 Sekunden). Die mittlere Partikelgröße der im Versuch eingesetzten Stein- und Braunkohle lag bei 29 bzw. 77 µm, siehe Tabelle 5. Damit kann man, wie vorher schon erwähnt, zur Vereinfachung die Gasverweilzeit mit der Partikelverweilzeit gleichsetzen.

Die Messung der gasförmigen Alkalien während der verschiedenen Betriebspunkte erfolgte nach der Einstellung des jeweiligen Versuchspunktes, nachdem sich ein stabiler Anlagenbetrieb (konstante Rauchgaszusammensetzung, -druck) eingestellt hat. Ab dem Erreichen des stabilen Anlagenbetriebs wurde die ELIF Messung zur Erfassung der gasförmigen Natrium- und Kaliumkonzentration gestartet. Die on-line Darstellung der

Messwerte der Alkalikonzentration erlaubte die Beobachtung eines sich stabilisierenden Messsignals, woraus dann der Mittelwert der jeweiligen Natrium- und Kaliumkonzentration gebildet worden ist.

In der späteren Auswertung der Messdaten sind die Konzentrationen auf einen Bezugssauerstoffgehalt von 5 Vol-% standardisiert worden. Somit wurden Verdünnungseffekte durch die Auswahl der verschiedenen Luftzahlen kompensiert.

4. 3. 3. Beschreibung und Betrieb des Gasgenerators

Die Erzeugung von Gas-Dampf-Gemischen aus Wasser, verdünnter HCl- oder verdünnter H_2SO_4-Lösungen zur definierten Änderung der Rauchgasatmosphären erfolgte mit einem Kalibriergasgenerator der Firma HOVACAL [75]. Er arbeitet nach dem Prinzip der dynamischen Verdampfung von Flüssigkeiten und kontinuierlicher Zumischung von Traggasen.

Über das Mengenverhältnis von Flüssigkeits- und Traggasstrom lässt sich die gewünschte Konzentration am Ausgang des Verdampfers einstellen. Als Traggas wurde in den Versuchen Luft eingesetzt.

Der Gasgenerator besteht aus einer Versorgungseinheit und einem elektrisch beheizten Verdampfer. Beide Baugruppen sind über Versorgungsleitungen für elektrische Energie, Temperatursignal, Traggas und Vorlage miteinander verbunden. Der Aufbau ist in Abbildung 10 dargestellt.

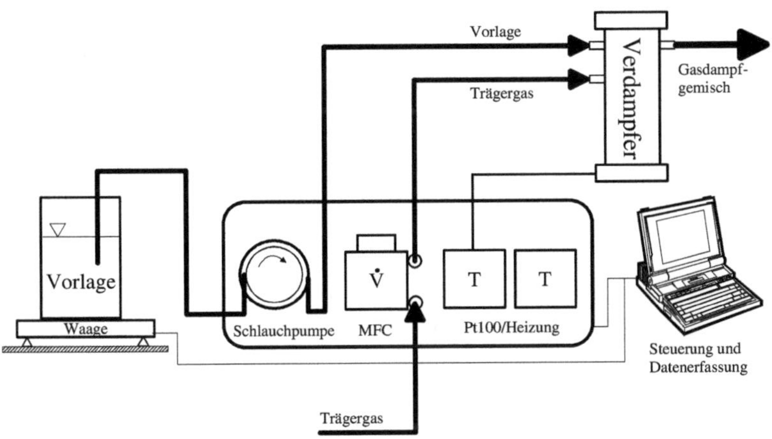

Abbildung 10: Darstellung des Gasgenerators bestehend aus Waage, Versorgungseinheit, Verdampfer und PC zur Datenerfassung.

Die Flüssigkeit wird mit einer Schlauchpumpe aus einer Flüssigkeitsvorlage in den Verdampfer gepumpt. Um Verdampfer und Gas-Dampf-Gemisch von Verunreinigungen frei zu halten, wird die Flüssigkeit über ein Feinfilter geführt. Die geförderte Flüssigkeitsmenge wird mit einer Präzisionswaage erfasst. Die Fördermenge aus der Vorlage wird über die Drehzahl der Schlauchpumpe bestimmt. Das Traggas wird mit Überdruck an der Versorgungseinheit aufgegeben und mit einem Massendurchflussregler (MFC) kontinuierlich in den Verdampfer dosiert.

Das heiße Gas-Dampf-Gemisch wird nach dem Verlassen des Verdampfers durch einen beheizten Schlauch in den Verbrennungsprozess eingebracht. Somit kann die Kondensation des Dampfes verhindert werden.

Die Generierung der für die Versuche erforderlichen Chlor-, Schwefel- und Wasserdampfkonzentrationen erfolgte durch die Dosierung von HCl- und H_2SO_4-haltiger, wässriger Vorlage mit Hilfe des Gasgenerators.

Die Erzeugung verschiedener Gasgemische wurde durch unterschiedliche Mischungsverhältnisse von Flüssigkeits- und Gasstrom realisiert. Grundlage hierfür sind nachfolgende Mischungsgleichungen.

Gültig für Wasserdampf: $$c_{H2O} = \frac{1244 \cdot \dot{m}_{H2O}}{1244 \cdot \dot{m}_{H2O} + \dot{V}_{Gas}} \cdot 100\%$$

darin sind:

c_{H2O} :	Wasserdampfkonzentration in Vol-%
$\dot{m}_{H2O}$:	Flüssigkeitsmenge in g/min
$\dot{V}_{gas}$:	Traggasstrom in ml/min

Die Konzentrationsgrenze ist der Arbeitsbereich des Verdampfers, hinsichtlich minimaler und maximaler Stoffströme. Der Arbeitsbereich wird durch die Parameter Flüssigkeitsdurchfluss (Schlauchpumpe), Traggasstrom und Sättigung (Temperatur) des Traggasstroms auf 30 Vol.-% H_2O begrenzt. Um einen möglichst weiten und hohen Konzentrationsbereich der HCl- und SO_2-Beladung des Gasgemisches zu erreichen, kann man die Konzentrationen der wässrigen HCl- und H_2SO_4 Lösungen variieren. Die entsprechende Konzentration der jeweiligen Komponente im Gasgemisch errechnet sich nach folgender Formel:

Gültig für Komp. x: $$c_x(g) = \frac{22{,}4 \cdot c_x(l) \cdot \dot{m}_{Flüss.}}{1244 \cdot \dot{m}_{Flüss.} + \dot{V}_{gas}} \cdot \rho_x \cdot 10^6 \frac{mg}{m^3}$$

darin sind:

$c_x(g)$:	Konzentration der gasf. Komp. x, bspw. HCl, in mg/m³
$c_x(l)$:	Konzentration der Komp. x in der Lösung, bspw. HCl, in mol/l
ρ_x :	Dichte der gasf. Komponente, bspw. HCl = 1, 639 kg/m³

Die für die Versuche benötigten HCl und SO_2 Konzentrationen konnten durch Variation der Konzentrationen in den vorher im Labor angesetzten Lösungen und Anpassung der Flüssigkeitsfördermenge eingestellt werden. Die Erhöhung des Wasserdampfes im

Rauchgasstrom war auf ein Maximum vom 1,5-fachen der ursprünglichen Konzentration bei reiner Kohleverbrennung begrenzt. Dieses Maximum konnte allerdings nur bei niedrigen Reaktionsrohrtemperaturen und hohen Verweilzeiten erreicht werden. Mit zunehmender Temperatur vergrößerte sich das Rauchgasvolumen und mit sinkender Verweilzeit wird ein höherer Rauchgasstrom benötigt.
Das so erzeugte heiße Gasdampfgemisch aus dem Verdampfer des Gasgenerators wurde über einen elektrisch beheizten Schlauch der ebenfalls vorgewärmten Sekundärluft direkt am Brenner zugegeben. Durch die Beheizung bis zum Brennkammereintritt ist gewährleistet worden, dass das Gemisch vollständig dem Verbrennungsprozess zugeführt werden konnte, ohne vorher zu kondensieren.

4. 3. 4. Beschreibung der ELIF Messtechnik zur Erfassung gasförmiger Alkalien

Excimer Laser induzierte Photofragmentation, kurz ELIF, so wie es in dieser Arbeit eingesetzt wurde, ist ein on-line arbeitendes, spektroskopisches Messverfahren zur Bestimmung von gasförmigen Natrium und Kalium. In anderen Modifikationen und Kalibrationen können mit diesem Messprinzip auch andere Metallverbindungen, wie z. B. $PbCl_2$, $HgCl_2$ und weitere bestimmt werden [58], [76].
Mit dem hier eingesetzten ELIF-Messverfahren wird das jeweilige Summensignal aus gasförmig vorliegendem Natrium und Kalium aus chloridischer, hydroxidischer und oxidischer Bindungsform gemessen.
Der Messbereich des ELIF-Verfahrens liegt zwischen 0,1 vppb bis 20 vppm. Im Fall von Kalium- und Natriumkonzentrationen über 20 vppm muss mit einer Selbstabsorption der angeregten Kalium- und Natriumatome gerechnet werden [77]. Chadwick [77] wies die Selbstabsorption bei definiert eingestellter Alkaligasmenge ab einer Konzentration von 20 vppm nach. Bis zu der Konzentration von 20 vppm verlief das Messsignal linear und wich dann in negativer Richtung von der eingestellten Alkaligaskonzentration ab. Das bedeutet, dass man bei dem Effekt der Selbstabsorption eine geringere Alkalikonzentration misst, als tatsächlich im Rauchgas vorhanden ist. Eine gesicherte Abschätzung des Messfehlers bei der Selbstabsorption kann bisher noch nicht gemacht werden. Zurzeit wird das ELIF Messsystem um ein Programmteil weiterentwickelt, welches die Selbstabsorption berücksichtigen und korrigieren soll.
Das Messprinzip der ELIF-Messtechnik beruht auf der Eigenschaft, dass niedermolekulare Alkaliverbindungen in ihren elektronisch angeregten Zuständen sehr schwach gebunden oder repulsiv sind. Dies trifft insbesondere auf Chloride aber auch auf Hydroxide und Oxide zu. Die Absorption eines Photons hinreichender Energie führt somit unmittelbar zur Dissoziation in neutrale Fragmente. Bei der ELIF-Messtechnik wird diese Eigenschaft genutzt und das Rauchgas mit den darin enthaltenen gasförmigen Alkaliverbindungen einem UV-Laserstrahl ausgesetzt. Das angeregte Alkaliatom emittiert ein Photon bei der Rückkehr (Relaxation) in seinen Grundzustand. Für den Natriumübergang $Na(3^2P)$ zu $Na(3^2S)$ liegen die Wellenlängen

der Fluoreszenzemission bei 589 nm, für Kalium von $K(4^2P)$ zu $K(4^2S)$ bei 766 nm. Das Fluoreszenzsignal (S_{fl}) und damit das Messsignal der ELIF-Messtechnik entspricht dieser elementspezifischen Emissionsstrahlung und ist gemäß Gl. 4. 9 von folgenden Faktoren abhängig:

$$S_{fl} = C_{\det} \cdot E_{Laser} \cdot n_{MX} \cdot a_{abs} \cdot q \qquad (4.\ 9)$$

Die mittlere Laserenergie E_{Laser} im Messvolumen sowie die Stoßlöschkorrektur q hängen von den thermodynamischen Bedingungen des zu vermessenden Gases ab (T, p, Gaszusammensetzung). Die Kalibrationskonstante C_{det}, welche die elektronische Einstellung, wie beispielsweise die Detektorempfindlichkeit und die Verstärkung der elektronischen Bauteile des Systems (Boxcarintegratoren) berücksichtigt, wird aus einer Kalibrationsmessung an einer Messzelle bestimmt. C_{det} wird üblicherweise während der Versuche konstant gehalten. Für die Produktion von angeregten Alkaliatomen, M^*, aus der allgemeingültigen Reaktionsgleichung $MX \rightarrow M^* + X$ geht der Wirkungsquerschnitt a_{abs} in die Gleichung ein. Die Anzahl der im Rauchgas vorliegenden Alkalimoleküle in chloridischer, hydroxidischer und oxidischer Bindungsform ist letztendlich der Wert für n_{MX} [78].

Bei konstanten Prozessbedingungen im Messvolumen und einem gegebenen messtechnischen Aufbau ist die Emissionsstrahlung nur noch von der absoluten Konzentration der detektierbaren Alkaliverbindungen im Messvolumen, n_{MX}, abhängig. Diese grundlegende Eigenschaft, die sowohl von Hartinger [79] als auch von Helble et al. [80] experimentell bestätigt wurde, ist die Grundlage zur Quantifizierung der Alkaligaskonzentration in einem gegebenen Messvolumen.

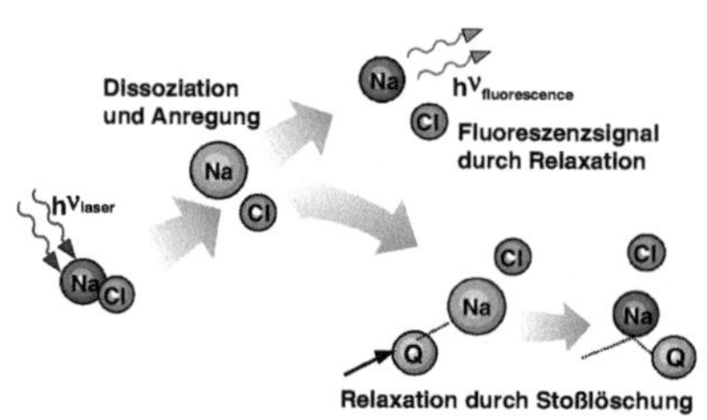

Abbildung 11: Darstellung der Vorgänge im Messvolumen am Beispiel von gasförmigen NaCl.

In Abbildung 11 sind die Vorgänge im Messvolumen am Beispiel von NaCl dargestellt. Schematisch können die bei der Messung ablaufenden Vorgänge der Photofragmentation und der elektronischen Anregung durch die folgenden Gleichungen beschrieben werden.

Absorption eines Laserphotons hinreichender Energie durch die niedermolekulare Alkalispezies, Dissoziation der Alkaliverbindung in ein elektronisch angeregtes Alkaliatom und ein neutrales Fragment, Gleichung 4. 10.

$$MX \overset{h\nu}{\rightarrow} M^{*}+X \qquad (4.10)$$

Relaxation des angeregten Alkaliatoms in den Grundzustand unter Aussendung von Fluoreszenzstrahlung, die spezifisch für diesen Übergang ist, Gleichung 4. 11.

$$M^{*} \rightarrow M + h\nu_{Fluoreszenz} \qquad (4.11)$$

Konkurrierend zu dem in Gleichung 4. 11 ablaufenden Prozess der Relaxation durch Emission von Fluoreszenzlicht, kann die „Überschussenergie" des angeregten Alkaliatoms durch Stöße mit anderen Atomen oder Molekülen in Form von Stoßenergie (d.h. Wärmeenergie) abgeführt werden, Gleichung 4. 12.

$$M^{*} + Q_{Stoß} \rightarrow M + Q_{Stoß}^{'} \qquad (4.12)$$

Da die Intensität der Fluoreszenzstrahlung als quantitatives Maß für die Alkaliatomkonzentration im Messvolumen dient (Gl. 4.11), muss der konkurrierend ablaufende Prozess der Stoßlöschung angeregter Alkaliatome (Gl. 4. 12), entweder vernachlässigbar oder quantifizierbar sein. Bei der ELIF-Messtechnik wird aus den on-line Messwerten der im Messvolumen enthaltenen Hauptrauchgaskomponenten (CO_2, O_2, N_2) und der berechneten H_2O Konzentration die jeweilige Stoßlöschrate rechnerisch bestimmt, in der Auswertungssoftware erfasst und der Messwert damit korrigiert. Die dazu notwendigen Quencheffizienzen der wichtigsten Rauchgaskomponenten CO_2, H_2O, N_2 und O_2 wurden der Literatur entnommen oder experimentell bestimmt [81].

Prinzipiell können die detektierten Alkaliatome aus verschiedenen niedermolekularen, gasförmigen Verbindungen stammen, bevor sie durch die Laserstrahlung photolytisch dissoziiert und elektronisch angeregt werden. Eine eindeutige Zuordnung von z.B. Chloriden, Hydroxiden und Oxiden zu bestimmten Anteilen im Messsignal ist daher nicht möglich. Die hier eingesetzte niedrige Laserenergie lässt nur die Bestimmung gasförmiger Alkalien aus chloridischer, hydroxidischer und oxidischer Bindungsform zu. Erst der Einsatz höherer Laserenergie würde feste Alkaliverbindungen verdampfen und damit messtechnisch zugänglich machen [82].

Die Bindungsenergien der verschiedenen Alkaliverbindungen unterscheiden sich voneinander. Die Summe aus der Bindungsenergie und der zur elektronischen Anregung der Alkaliatome notwendigen Energie, wird durch die Laserphotonen des UV-Lichts aufgebracht. Der gekoppelte Prozess aus Photodissoziation und Anregung des Alkalifragments läuft daher nur unter der Bedingung ab, dass die Summe aus Bindungs- und Anregungsenergie kleiner oder gleich der Laserenergie ist. Im Falle gasförmiger Alkalisulfatmoleküle liegt die Bindungsenergie deutlich höher, so dass diese Verbindungen mit der gewählten Lichtquelle, einem ArF-Excimerlaser (Wellenlänge λ = 193 nm), messtechnisch nicht zugänglich sind. NUNEZ et al. [82] wiesen nach, dass die Messung von Alkalisulfaten mit diesem Messverfahren einen Energiebetrag benötigt, der um einen Faktor 100 höher als der hier verwendete liegt. Des Weiteren werden die Laserphotonen von einzelnen Verbindungen mit unterschiedlicher Effizienz absorbiert. Hohe Absorptionseffizienzen werden bei den Verbindungen erreicht, bei denen die Summe aus Bindungs- und Anregungsenergie möglichst „genau" von der Energie der Laserphotonen „getroffen" wird. Für die verschiedenen Spezies ergeben sich somit unterschiedliche Anregungseffizienzen. Deshalb sind die Signalanteile von Alkalimetallen aus chloridischer, hydroxidischer oder oxidischer Bindung mit unterschiedlicher Wichtung im Gesamtsignal vertreten. Mit abnehmender Wichtung sind dies Alkalichlorid, -hydroxid und –oxid. Das Messsystem ist auf die Erfassung von Alkalimetallen aus chloridischer Bindung optimiert. Die Hauptspezies der gasförmigen Alkalien im betrachteten Temperaturbereich stellen die Alkalichloride dar, so dass der Messfehler minimiert wird. Eine Quantifizierung des Messfehlers ist bisher nicht möglich, da genaue Absorptionsspektren für Natrium- und Kaliumhydroxide nicht bekannt sind.

Den grundlegenden Messaufbau zeigt Abbildung 12. Die Messebene des Verbrennungsreaktors besteht aus vier, in einem Winkel von 90° zueinander angeordneten Glasfenstern. Das Glas besteht aus hochreinem Quarzglas (Suprasil II, Fa. Heraeus). Quarzglas wurde gewählt, da es bei einer Laserwellenlänge von 193 nm ausreichend durchlässig ist, was bei anderen Gläsern (z. B. normales Glas, Saphirglas) nicht der Fall ist. Die Fenster wurden ständig mit Stickstoff, welches keine absorptiven Eigenschaften auf den Laserstrahles aufweist, gespült, um das Anhaften von Flugstaub zu vermeiden. Zur Anregung der Alkalispezies wurde ein UV-Laserstrahl benutzt. Das Laserlicht ist von einem gepulsten ArF-Excimerlaser (Taktfrequenz: 6,4 Hz) mit einer Wellenlänge von λ = 193 nm der Fa. Lambda Physics erzeugt worden. Der UV-Laserstrahl wurde durch den optischen Zugang (Quarzglasfenster) in den Reaktor eingekoppelt. Zur rechnerischen Bestimmung der Laserstrahlextinktion in Strahlrichtung durch die verschiedenen Rauchgaskomponenten wurde

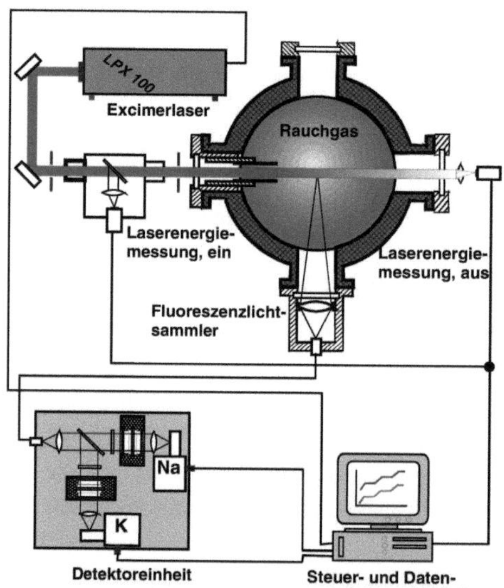

Abbildung 12: Messaufbau am Verbrennungsreaktor, Schnitt durch die Messebene.

diese durch das Lambert-Beer Gesetz bestimmt. Dazu wurde direkt die Transmission des Laserstrahls, also die Energie des eintretenden und austretenden Laserstrahls gemessen.

Durch die orthogonale Anordnung des Detektors (Fluoreszenzlichtsammler) ist das eigentliche Messvolumen aus dem Schnittvolumen von Laserstrahl und dem „Sichtkegel“ des Detektors gebildet worden und liegt in der Mittelachse des Reaktionsrohrs. Durch Berechnung und Auswahl einer geeigneten Linse wurde das Messvolumen auf den Eintritt des Lichtleiterkabels fokussiert. Über das Lichtleiterkabel gelangte das Fluoreszenzlicht der Relaxation der angeregten Alkaliatome in die Detektoreinheit. Durch die Lage des Messvolumens in der Reaktionsrohrmittelachse ist der Einfluss eventueller Randeffekte, wie z.B. durch Kondensation von Alkaliverbindungen an der „kälteren“ Rohrwand, minimiert worden.

In der Detektoreinheit wurde das aus dem Messvolumen stammende schmalbandige Fluoreszenzlicht, das von der Hintergrundstrahlung überlagert wird, ausgekoppelt. Anschließend wurde das Fluoreszenzlicht durch Interferenzfilter, 589 nm für Natrium und 766 nm für Kalium, von der Hintergrundstrahlung abgetrennt und bei Bedarf durch geeichte „Graufilter“ abgeschwächt, um eine Sättigung der Photomultiplier bei zu hoher Intensität zu vermeiden. Die so konditionierte Fluoreszenzstrahlung wurde auf die zeitlich gesteuerten Photomultiplier abgebildet, die auf die Wiederholfrequenz des Lasers von 6,4 Hz getriggert waren. Durch diese zeitliche Signaldiskriminierung und periodische Nullmessungen wurde eine weitere Verbesserung der Abtrennung unerwünschter Hintergrundstrahlung und damit des Signal-zu-Rausch Verhältnisses, erreicht. Die zeitliche Ablaufsteuerung ist in der Arbeit von Gottwald [78] beschrieben. Eine Nullmessung ist alle drei Minuten durchgeführt worden. Dazu ist im Weg des Laserstrahls vor Reaktoreintritt ein mechanischer Verschluss angebracht worden, wodurch verhindert wurde, dass der Laserstrahl in den Rauchgasstrom eintrat. Die Intensitäten, die während dieser Prozedur gemessen worden sind, können nicht von der Anregung der Alkalispezies stammen und wurden vom eigentlichen Messsignal subtrahiert.

Alle elektrischen Signale (Laserstrahlenergien, Natrium- und Kaliumkanal der Photomultiplier) wurden digitalisiert und mit einem PC verarbeitet. Dort erfolgte die Speicherung und Auswertung der Daten sowie die Ablaufsteuerung der gesamten Messung.

Die so erhaltenen Messsignale stellen relative Konzentrationen dar. Bestimmte Spezifikationen des Messaufbaus und der Messtechnik (Transmissionsgrade der Detektionskanäle), deren Kenntnis zur Bestimmung absoluter Konzentrationen notwendig ist, lassen sich nur sehr aufwendig quantifizieren, haben allerdings auf einen gewählten Messaufbau keinen Einfluss. Diese Einflussgrößen wurden für jeden der beiden Messkanäle in einer Kalibrationskonstante (C_{det}) zusammengefasst und einmalig durch eine Kalibration mittels eines Konzentrationsnormals bestimmt. Dazu wurde in einer Kalibrierzelle mit bekannter Temperatur und Druck eine Alkalisalzprobe verdampft. Über die in der Literatur hinterlegten Dampfdruckkurven der jeweiligen Alkalisalzspezies konnte in Abhängigkeit von

Druck und Temperatur der in der Kalibrierzelle herrschende Alkaligaspartialdruck bestimmt werden [79].

5. Ergebnisse

5. 1. Sequentielle Extraktion

Die Ergebnisse der sequentiellen Extraktion sind in Abbildung 14 und Abbildung 13 abgebildet. Hier sind für Natrium und Kalium die Analysewerte für die jeweiligen Extraktionsstufen anteilig dargestellt. Erwartungsgemäß ist der Anteil der Extrahierbahren

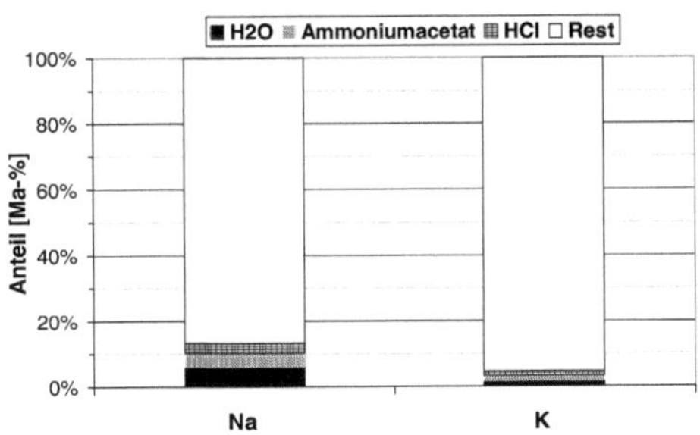

Abbildung 14: Steinkohle; Natrium- und Kalium-verteilung in den einzelnen Extraktionsstufen.

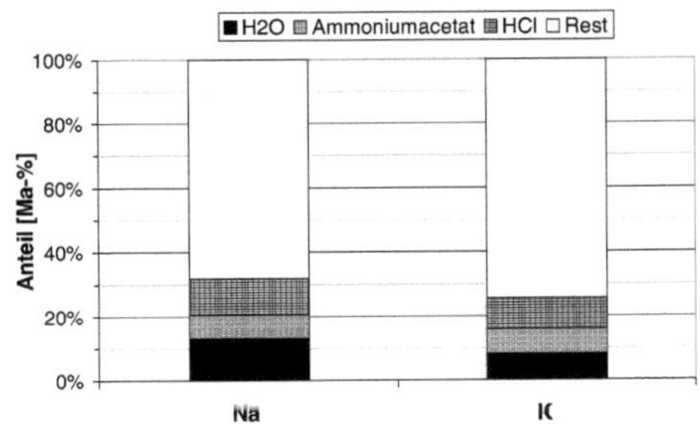

Abbildung 13: Braunkohle; Natrium- und Kalium-verteilung in den einzelnen Extraktionsstufen.

Alkalien, Natrium und Kalium, im Fall der Braunkohle höher als im Vergleich zur Steinkohle. Das ist auf den Einfluss der Inkohlung auf die Bindungsformen zurückzuführen. Im Fall der geologisch jüngeren Braunkohle sind größere Anteile der Alkalimetalle adsorptiv an die poröse Kohlematrix oder organisch an die Humate der Kohle gebunden und können somit als schwache Bindungsform innerhalb der Kohlenstruktur bezeichnet werden. Aus diesem Grund können diese eher mit H_2O oder mit der ionenaustauschenden Ammoniumacetatlösung aus der Brennstoffmatrix entfernt werden. Die Alkalimetalle Natrium und Kalium in der Steinkohle hingegen sind hauptsächlich in stabiler mineralischer Matrix eingebunden und können somit als starke oder feste Bindungsform bezeichnet werden. In der Summe konnten dort nur 13,3 Ma-% Natrium und 4, 7 Ma-% Kalium mit den Extraktionsmitteln Wasser, Ammoniumacetat und verdünnter HCl gelöst und als schwache Bindung identifiziert werden. Der Rest konnte erst nach komplettem Aufschluss der Steinkohle analysiert werden.

Bei beiden Kohlen ist der extrahierbare Kaliumanteil prozentual gesehen geringer. Man kann davon ausgehen, dass das Kalium hauptsächlich als Feldspat oder in den Tonminerale Illit oder Muskovit (siehe Tabelle 1) in den Kohlen vorkommt. Witthohn [46] konnte in der Mineralphasenanalyse einer Saarkohle (die hier eingesetzte Kohle, Götelborn, ist ebenfalls aus dem Saarrevier) bestätigen, dass Muskovit ein Mineralbestandteil dieser Kohle war.

Die wesentliche Aussage der hier durchgeführten sequentiellen Extraktion ist die Unterscheidung zwischen den schwachen und starken Bindungsformen der Alkalien innerhalb der Kohlestruktur. Man geht davon aus, dass der Anteil der schwach gebundenen Alkalien während des Verbrennungsprozesses aus der Kohle in die Gasphase freigesetzt werden kann. Für den Fall der Steinkohle wäre dann zu erwarten, dass etwa 13 % des in der Mineralsubstanz vorliegenden Natriums und entsprechend 4 bis 5 % des Kaliums freigesetzt werden. Für Braunkohle wäre mit einer Freisetzungsmenge von 32 % des Natriuminhaltes bzw. 26 % des Kaliums zu rechnen. Diese Aussagen sollen im nächsten Schritt, den Verbrennungsversuchen, überprüft werden.

5. 2. Verbrennungsversuche

Die im Folgenden betrachteten Messergebnisse der Verbrennungsversuche spiegeln das Verhalten gasförmiger Natrium- und Kaliumverbindungen im Rauchgas einer realen Kohlenstaubfeuerung wieder. Der Prozess der Kohleverbrennung ist eine vielschichtige heterogene (Gas- / Feststoffphase) und homogene (Gas- / Gasphase) Reaktion. Der feste Brennstoff ist in seinem chemischen Aufbau sowie in seinen geometrischen Abmessungen ein nicht einheitlich definierbarer Stoff. Es ist also nicht möglich im Verbrennungsversuch unter realen Bedingungen, mit realen Kohlen, zwischen reinen Freisetzungs- und Einbindungsreaktionen der Alkalikomponenten mit anderen Brennstoffkomponenten zu unterscheiden. Die Messungen stellen den momentanen Gleichgewichtszustand unter den eingestellten Versuchsbedingungen dar. Aus diesem Grund wird vom Verhalten der gasförmigen Alkalien im Rauchgas der Kohlenstaubfeuerung gesprochen, in dem der Effekt der Freisetzung oder der Einbindung überwiegt.

5. 2. 1. Variation der Feuerungsparameter

Die Steinkohle aus dem Saarrevier „Götelborn“ und die Lausitzer Braunkohle „LAUBAG“ sind nach denen im Kapitel 4. 3. 2. angegebenen Parametern im Versuchsreaktor verbrannt worden. Die gasförmigen Alkalimetalle Natrium und Kalium sind für jede Versuchseinstellung und zwar nach konstantem Anlagenbetrieb gemessen und anschließend gemittelt worden. Die ermittelten Standardabweichungen der Messwerte sind in den ersten Abbildungen mit dargestellt. Für eine anschaulichere Darstellung der Messergebnisse ist im Weiteren davon abgesehen worden, die Standardabweichung in den Diagrammen zu zeigen. Der Vollständigkeit halber sind alle Messwerte und ihre jeweilige Standardabweichung vom Mittelwert im Anhang A 2 tabellarisch aufgeführt.

5. 2. 1. 1. Steinkohle – Einfluss der Temperatur

In der Abbildung 15 ist die Konzentration (in vppm) des gasförmigen Kaliums und Natriums in Abhängigkeit von der Verweilzeit über der Reaktionsrohrtemperatur gezeigt.

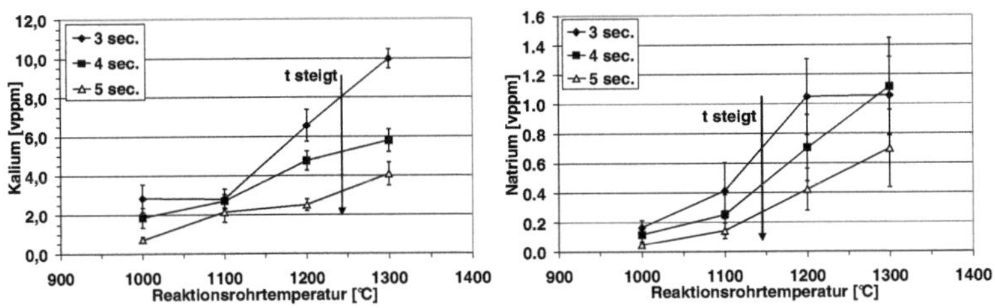

Abbildung 15: Steinkohle; Kalium und Natrium, λ = konst. = 1,15 in Abhängigkeit von Verweilzeit und Temperatur, bezogen auf 5 Vol-% O_2.

Auffällig ist der Messwert für gasförmiges Natrium bei einer Reaktionsrohrtemperatur von 1300°C, einer Verweilzeit von 3 Sekunden und einer Luftzahl von 1,15. Dieser folgt nicht dem zu erwartenden Trend und sollte damit als fehlerhafte Messung betrachtet werden. Nichtsdestotrotz liegt dieser Messwert unter der Berücksichtigung seiner Standardabweichung wieder im Erwartungsbereich.

Qualitativ beobachtet man für beide Komponenten ein ähnliches Verhalten. Das ähnliche Verhalten wird durch die Stellung der beiden Elemente im Periodensystem der Elemente widergespiegelt. Da sie in der gleichen Hauptgruppe stehen, besitzen sie dementsprechend eine identische Valenzelektronenkonfiguration und somit ein ähnliches Reaktionsverhalten. Der quantitative Unterschied in der Gasphasenkonzentration hängt vom Gesamtgehalt des jeweiligen Elements und seiner Bindungsform in der Kohle ab. Die Menge des Elements Kalium ist im Vergleich zum Natrium (siehe Tabelle 5) in der eingesetzten Kohle um ein 6-faches höher. Andererseits zeigte die sequentielle Extraktion, dass das Natrium einen 3-fach höheren Anteil besitzt, der in schwacher Bindungsform in der Kohlematrix vermutet wird.

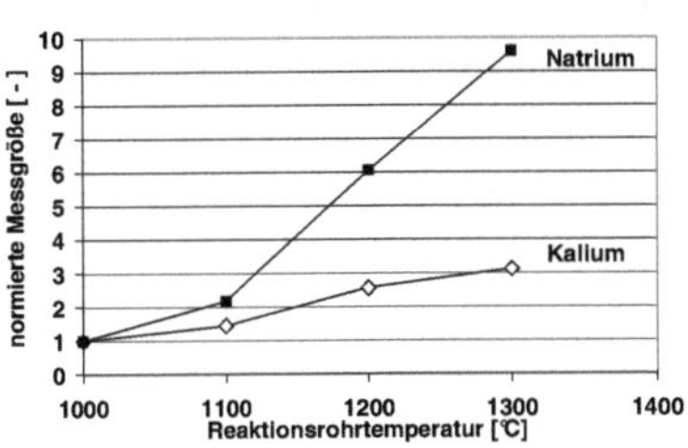

Abbildung 16: Steinkohle; normierte Konzentration für Kalium und Natrium bei einer Verweilzeit von 4 sec.

Die daraus resultierende stärkere Freisetzungsreaktion des Natriums kann anhand von Abbildung 16 erklärt werden. Hier sind die, bei einer Verweilzeit von 4 Sekunden, gemessenen Alkalikonzentrationen auf ihren Messwert bei 1000°C bezogen. Der Anstieg der Natriumemission mit zunehmender Temperatur verläuft ausgeprägter als im

Vergleich zum Kalium. Das lässt auf eine höhere Neigung zur Freisetzung des Natriums schließen. Die größere Neigung zur Freisetzung des Natriums in die Gasphase kann zum einen mit der Bindungsform in der Brennstoffmatrix und zum anderen mit einer gehemmten Wiedereinbindungsreaktion bereits gebildeter gasförmiger Natriumspezies in die feste, mineralische Matrix erklärt werden. Rückschließend kann für das Element Kalium von einer stärkeren Bindungsform in der Brennstoffmatrix und einer günstigeren Wiedereinbindungsreaktion ausgegangen werden. Die bessere Fähigkeit zur Wiedereinbindung des Kaliums in die mineralische Brennstoffsubstanz konnte von QUEROL et al. [90] nachgewiesen werden.

Im Allgemeinen kann gesagt werden, dass die freisetzungsbestimmte Reaktion und damit die Konzentration des gasförmigen Kaliums und Natriums im Rauchgas mit steigender Reaktionsrohrtemperatur zunimmt. Der Anstieg der Konzentrationen im Rauchgas erhöht sich bei kürzeren Verweilzeiten. Daraus ist zu schließen, dass eine Einbindungsreaktion bereits gasförmiger Alkalien mit den Bestandteilen der Flugasche mit steigender Verweilzeit begünstigt wird.

Sowohl für Kalium als auch für Natrium kann man beobachten, dass zwischen 1100°C und 1200°C eingestellter Reaktionsrohrtemperatur der Anstieg der Emission verstärkt wird. Der Erweichungspunkt der Kohlenasche wird bei 1130°C erreicht, siehe dazu die Brennstoffanalyse in Tabelle 5. Mit dem Schmelzbeginn der mineralischen Kohlesubstanz werden verstärkt Alkalien in die Gasphase freigesetzt. Die eingebrachte Energie durch die höhere Reaktionsrohrtemperatur unterstützt die Freisetzung von Alkalien aus fester mineralischer Bindung. Zusätzlich wird durch den Schmelzbeginn der mineralischen Komponenten die Diffusion der Alkalien aus dem Feststoff, bzw. der Flüssigphase, erleichtert. Das bedeutet, dass sich zu den leicht freisetzbaren Alkalien mit Schmelzbeginn der Asche, Alkalien aus stabileren Bindungen der Kohlebegleitmineralien zu den leichter flüchtigen addieren. Die Messergebnisse zeigen den Effekt der Abspaltung der Alkalien bei hoher Temperatur, ab einer eingestellten Reaktionsrohrtemperatur von 1100°C. Ab dieser Temperatur wird, wie vorher erwähnt, der Ascheerweichungspunkt erreicht. WITTHOHN [46] gab in seinen Messungen zur Alkalifreisetzung aus Kohleaschen einen Temperaturbereich von ca. 1100°C an, ab dem die Alkalien aus silikatischer und alumosilikatischer Verbindung in die Gasphase übergehen.

Schematisch sind mögliche heterogene und homogene Reaktionswege am Beispiel von Natrium in Abbildung 17 dargestellt. Das in der Kohlefeuchte dissoziiert und organisch gebunden vorliegendes Natrium wird während des Verbrennungsprozesses des Kohlepartikels in die Gasphase freigesetzt. Möglich ist aber auch, dass das Natrium aus diesen Verbindungen bereits im abbrennenden Partikel mit anderen mineralischen Substanzen innerhalb der Kohlenmatrix reagiert, eingebunden und nicht mehr in die Gasphase freigesetzt wird.

Die in die Gasphase freigesetzten Alkalien können anschließend in homogenen Gasphasenreaktionen, wie sie beispielhaft in der Abbildung 17 dargestellt sind, weiterreagieren. Bei den im Versuch eingestellten Temperaturen ist die Bildung von Chloridverbindungen die thermodynamisch wahrscheinlichste Reaktion. Die homogene Bildung von Sulfaten in der Gasphase ist kinetisch limitiert [15] und im betrachteten Temperaturbereich thermisch nicht stabil. Die Bildung von Hydroxidverbindungen (NaOH oder KOH) läuft verstärkt erst in einem höheren Temperaturbereich ab [44]. Das molare Chlor zu Alkali-Verhältnis der Steinkohle beträgt 1,02 (siehe Tabelle 6). Daraus folgt, dass für die hier eingesetzte Steinkohle mit stöchiometrischem Chlor/Alkali Verhältnis die Bildung von Alkalichloriden am wahrscheinlichsten ist.

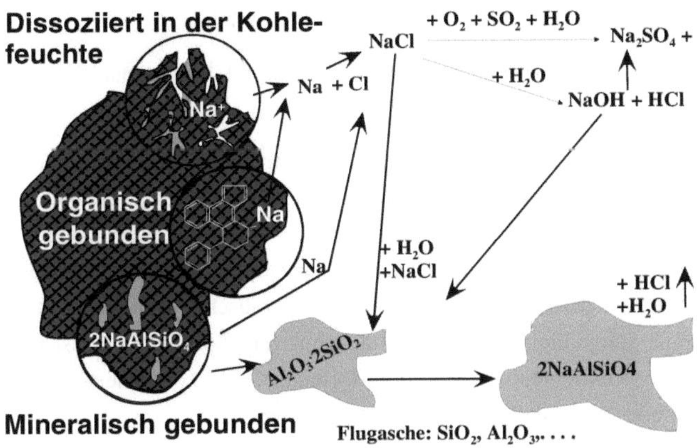

Abbildung 17: Homogene und heterogene Alkalireaktionen während des Verbrennungsprozesses am Beispiel Natrium.

Neben den homogenen Gasphasenreaktionen der Alkalien, können auch heterogene Reaktionen im Rauchgas mit den dort verteilten festen oder flüssigen Aschepartikeln stattfinden. Das bedeutet, dass bereits gasförmig vorliegende Alkaliverbindungen mit den Mineralien in den Aschepartikeln zu neuen, fest oder flüssig vorliegenden Mineralphasen reagieren. Dieser Reaktionsweg entspricht dann der schon vorher genannten Wiedereinbindungsreaktion.

5. 2. 1. 2. Steinkohle – Einfluss der Verweilzeit

Abbildung 18 zeigt die Messwerte der gasförmigen Alkalikonzentration in Abhängigkeit von der Reaktionsrohrtemperatur aufgetragen über der Verweilzeit bei einer Luftzahl der Feuerung von 1,15. Generell lässt sich sagen, dass die Zunahme der Verweilzeit bei jeweiliger Temperatur mit einer Abnahme der Konzentration der gasförmigen Alkalien verbunden ist.

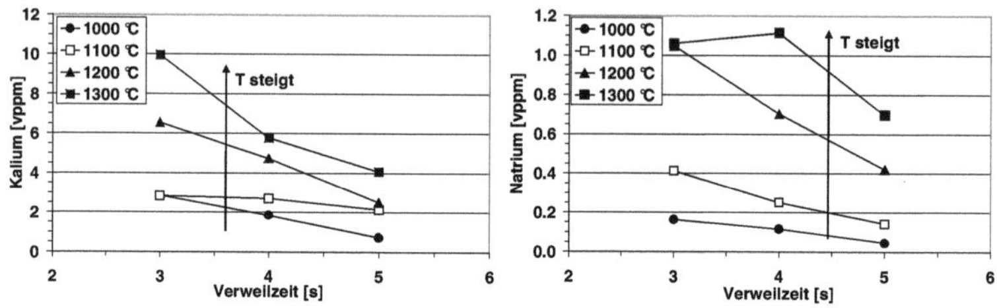

Abbildung 18: Steinkohle; Kalium und Natrium, λ = konst. = 1,15 in Abhängigkeit von Temperatur und Verweilzeit, bezogen auf 5 Vol-% O_2.

So sinkt die Konzentration beispielsweise für Kalium bei einer Temperatur von 1200 °C um ca. das 2,6-fache, von 6,6 vppm bei 3 Sekunden auf 2,5 vppm bei 5 Sekunden. Die Natriumkonzentration nimmt unter gleichen Bedingungen von 1,05 vppm auf 0,42 vppm ab.

Die Abnahme der Alkalikonzentration im Rauchgas ist mit Reaktionen zwischen den gasförmig vorliegenden Alkaliverbindungen und der mineralischen Substanz, also der Flugasche, zu erklären. Steigt die Verweilzeit und damit die Kontaktzeit zwischen den Aschepartikeln mit Einbindungspotential und den gasförmigen Alkalikomponenten, wird die Rückreaktion zu festen oder flüssigen Mineralphasen begünstigt.

Der Einfluss der Verweilzeit wird deutlich, wenn man die physikalischen und chemischen Vorgänge der heterogenen Reaktion zwischen Gas- und Festphase näher betrachtet [93]. Dazu müssen die gasförmigen Alkalikomponenten durch die Grenzschicht, welche das abbrennende Kohle- oder das Flugaschepartikel umgibt, diffundieren. Der nächste Schritt ist die Diffusion durch die bereits gebildete Produktschicht zur reaktiven Oberfläche des Partikels, wo im dritten Schritt die chemische Reaktion, also in diesem Fall die Einbindung der Alkalien in die mineralische Matrix des Partikels stattfindet. Daraus folgt, dass die limitierenden Faktoren des Stofftransports durch die Grenzschicht und durch die bereits gebildete Produktschicht an die reaktive Partikeloberfläche, durch einen Anstieg der Verweilzeit kompensiert werden kann.

Der Einfluss der Verweilzeit muss hier allerdings kritisch betrachtet werden. Es handelt sich hierbei um die überlagerten Prozesse der vorher beschriebenen Wiedereinbindung bereits gebildeter gasförmiger Alkalien mit der mineralischen Substanz der Kohle und eine mögliche Kondensationsreaktion gasförmiger Alkalien bei sinkender Rauchgastemperatur.

Die fallende Rauchgastemperatur steht im Zusammenhang mit der systembedingten Einstellung der Verweilzeit, der daraus resultierenden Rauchgasmenge und letztendlich der damit transportierten Wärme. Dieser Zusammenhang, die Änderung der Rauchgastemperatur, ist gemessen worden und in Abbildung 7 dargestellt. Die niedrigste Gastemperatur (780°C) während der Versuche stellte sich bei einer Reaktionsrohrtemperatur von 1000°C und einer Verweilzeit von 5 Sekunden ein. Die berechneten Dampfdruckkurven der Alkalichloride (dargestellt in Abbildung 37 und Abbildung 38) weisen für diese Temperatur (780°C) eine Sättigungskonzentration für KCl von 44 ppm und für NaCl von 23 ppm auf. Die Sättigungskonzentration beschreibt die maximal mögliche Gasphasenkonzentration der betrachteten Verbindung als Funktion der Temperatur. In den Versuchen konnte nur bei der Dosierung hoher HCl Mengen die oben genannten Werte überschritten werden. In allen anderen Versuchen wurden Alkalikonzentrationen in der Nähe der Sättigungskonzentration nicht nachgewiesen. Die berechnete maximale Gasphasenkonzentration des Natriums beträgt 19 ppm (siehe Kapitel 5. 4. 1.) und liegt damit noch unterhalb der Sättigungskonzentration bei niedrigster Temperatur. Die theoretisch mögliche maximale gasförmige Kaliummenge ist zu 82 vppm berechnet worden. Laut Dampfdruckkurve für KCl liegt diese maximale Konzentration bei einer Temperatur von 820 °C schon unterhalb der Sättigungskonzentration.

Nach Ehrler [91] beginnt die spontane Kondensation, in diesem Fall die Bildung von alkalihaltigen Aerosolen, in übersättigten bzw. unterkühlten Gasphasen. Die Bildung von Aerosolen geschieht dabei in drei Teilschritten. Dabei ist die Übersättigung der erste Schritt, der aber eine noch nicht hinreichende Bedingung zur Einleitung des spontanen Kondensationsvorganges ist. Der zweite Teilschritt ist die Bildung von Kondensationskeimen (bei homogener Zusammensetzung) durch Zusammenschluss der Alkalimoleküle. Im hier betrachteten Fall, eine Suspension aus Rauchgas und Aschepartikeln, kommt es zu einer heterogenen Keimbildung. Die bereits im Rauchgas vorhandenen Partikel dienen dabei als Keime für die spontane Kondensationsreaktion. Im dritten Teilschritt erfolgt dann das Wachstum der Keime. Dabei sinkt zum einen die Konzentration gasförmiger Alkalien und zum anderen wird bei der Kondensation Wärme freigesetzt. Beides führt zum Abbau der Übersättigung und stellt damit noch einmal einen zeitlimitierenden Faktor dar.

Mit dem hier eingesetzten Messaufbau und den gewählten Versuchsbedingungen lässt sich der Anteil der kondensierten und damit messtechnisch nicht mehr zugänglichen Alkaliverbindungen nicht quantifizieren. Man kann aber davon ausgehen, da die Sättigungskonzentration während der Rauchgasabkühlung in fast allen Versuchseinstellungen nicht annähernd erreicht worden ist, dass die Menge der gasförmig vorliegenden Alkaliverbindungen durch die Rauchgasabkühlung im wesentlichen davon unbeeinflusst blieben.

Somit stellen die Messwerte der gasförmigen Alkalien für unterschiedliche Verweilzeiten einen Trend dar, der hauptsächlich von der Verweilzeit und in geringerem Maße von der Temperaturabsenkung zwischen dem Ende des elektrisch beheizten Abschnitts des Reaktors bis zur Messebene beeinflusst wird.

Die Konzentration des gasförmigen Kaliums nimmt von minimal 0,7 vppm bei niedriger Temperatur und hoher Verweilzeit auf maximal 10 vppm bei hoher Temperatur und niedriger Verweilzeit zu. Die absolute Konzentration des gasförmigen Natriums liegt für die hier untersuchte Steinkohle niedriger als die Kaliumemission. Sie hat einen minimalen Wert von 0,05 vppm und steigt auf einen maximalen Wert von 1,12 vppm.

Es konnte über den eingestellten Verweilzeitbereich kein Anstieg der Alkalimetallkonzentration gemessen werden, mit der Aussage aus dem vorherigen Kapitel, dass der Na-Messwert bei 3 Sekunden Verweilzeit und 1300 °C Reaktionsrohrtemperatur als fehlerhafte Messung betrachtet werden muss. Der in den Versuchen eingestellte Verweilzeitbereich von 3 bis 5 Sekunden spiegelt damit die Rückreaktionen, die sekundäre Einbindung bereits gasförmiger Alkalimetallverbindungen in abbrennende Kohle- oder Flugaschepartikel wieder. Da die Alkalimetallkonzentrationen innerhalb des gewählten Zeitrahmens von 3 bis 5 Sekunden keinen konstanten Wert annehmen, hat sich das Gleichgewicht der Einbindungsreaktion, also eine Sättigung der Flugaschepartikel mit Einbindungspotential, noch nicht eingestellt.

Die gemessenen Werte zeigen, dass die freisetzungsbestimmte Reaktion der gasförmigen Alkalien bei Erreichen der 3 Sekunden Grenze vollständig abgeschlossen ist. Die Freisetzung der gasförmigen Alkalien aus der Kohlematrix findet also im Frühbereich der Verbrennung statt. STEFFIN [45] führte eine kinetische Modellierung der Freisetzung gasförmiger Alkalichloride unter Kraftwerksbedingungen durch. Er konnte in seiner Simulation berechnen, dass die maximale Freisetzung nach 0,2 Sekunden abgeschlossen war.

5. 2. 1. 3. Steinkohle – Einfluss der Luftzahl

Der Einfluss der Luftzahl auf die Konzentration gasförmiger Alkalikomponenten im Rauchgas ist in Abbildung 19 gezeigt. Es soll an dieser Stelle noch einmal erwähnt werden, dass alle Messwerte auf 5 Vol-% O_2 im Rauchgas bezogen worden sind, um den Verdünnungseffekt durch die Zugabe von mehr Verbrennungsluft zu kompensieren. Die Mittelwerte der Messpunkte sowie ihre Standardabweichungen sind im Anhang (A 2. 1) angegeben.

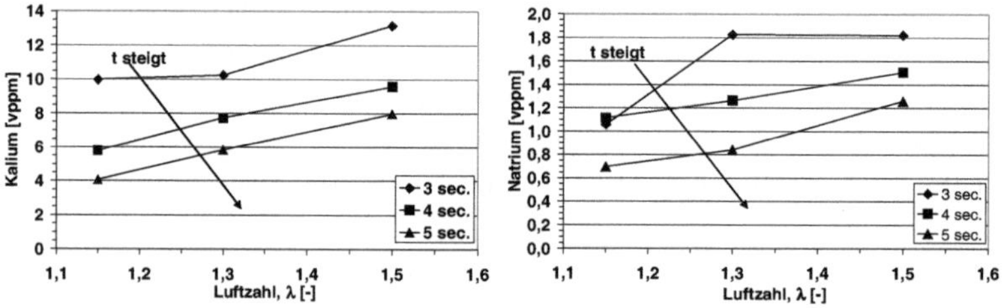

Abbildung 19: Steinkohle; Kalium und Natrium, T = konst. = 1300°C in Abhängigkeit von Verweilzeit und Luftzahl, bezogen auf 5 Vol-% O_2.

Die Erhöhung der Luftzahl wirkt sich auf eine zunehmende Freisetzung von Kalium und Natrium in die Gasphase aus. So steigt die Konzentration gasförmigen Kaliums mit

zunehmender Luftzahl bei einer Verweilzeit von 3 Sekunden von 10 auf 13 vppm und des gasförmigen Natriums von 1,06 auf 1,82 vppm an.
Theoretisch sollte ein größeres Sauerstoffangebot, wie durch die Erhöhung der Luftzahl im Verbrennungsprozess realisiert, die Einbindung gasförmiger Alkalien zu festen, silikatischen Verbindungen begünstigen und so zu einem Abfallen der Messkurven führen. Am Beispiel der folgenden chemischen Reaktionsgleichungen soll dies verdeutlicht werden.

$$SiO_2 + 2NaCl + \frac{1}{2} O_2 \leftrightarrow Na_2SiO_3 + Cl_2$$

$$2SiO_2 \cdot Al_2O_3 + 2NaCl + \frac{1}{2} O_2 \leftrightarrow 2NaAlSiO_4 + Cl_2$$

Die Erhöhung der Sauerstoffkonzentration hat die Verschiebung des Reaktionsgleichgewichts auf die Seite der Produkte zur Folge und sorgt damit für eine Einbindung der gasförmigen Alkalien. Im Fall der Kohlenverbrennung ist der Haupteinfluss des Sauerstoffs auf den Umsatz der brennbaren Substanz zu sehen. Bei hohem Sauerstoffangebot verläuft die Reaktion am Kohlepartikel schneller und damit steigt die Partikeltemperatur [92]. Das wirkt sich wiederum, wie beim Temperatureinfluss schon diskutiert, auf eine verstärkte Freisetzung der Alkalien aus den stabilen mineralischen Verbindungen aus.

5. 2. 1. 4. Braunkohle – Einfluss der Temperatur

Die gasförmige Kalium- und Natriumkonzentration bei der Verbrennung von Braunkohle mit konstanter Luftzahl (λ = 1,15) ist in Abbildung 20 in Abhängigkeit von der Verweilzeit über der Reaktionsrohrtemperatur aufgetragen.

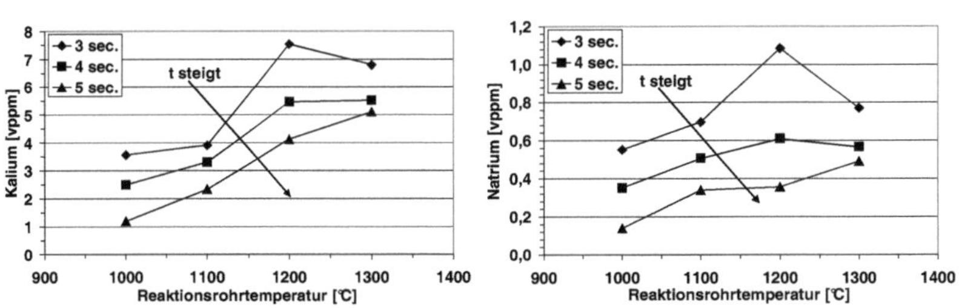

Abbildung 20: Braunkohle; Kalium und Natrium, λ = konst. = 1,15 in Abhängigkeit von Verweilzeit und Temperatur, bezogen auf 5 Vol-% O_2.

Mit steigender Temperatur ist ein mäßiger Anstieg der gasförmigen Alkalikonzentration im Rauchgas der Verbrennung zu erkennen. Der Anstieg der Verweilzeit führt zu einer niedrigeren Konzentration der gasförmigen Alkalien. Obwohl bei hoher Verweilzeit ein stetiger Anstieg der Alkalikonzentration gemessen wird, nimmt bei niedriger Verweilzeit – im Gegensatz zur Steinkohle – die Alkalikonzentration bei hoher Temperatur wieder ab.

Anscheinend sorgt die Aschezusammensetzung, die bei dieser Braunkohle durch den typisch hohen Calciumgehalt basischer Natur ist, bei hoher Temperatur und hoher Verweilzeit für eine Freisetzung weiterer Alkalien aus den mineralischen Komponenten der Braunkohle.

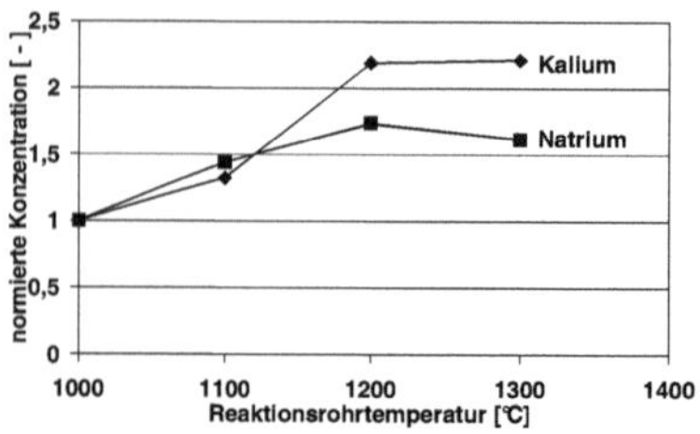

Abbildung 21: Braunkohle; normierte Konzentration für Kalium und Natrium bei einer Verweilzeit von 4 sec.

Im Vergleich zur Steinkohle ist auch hier ein qualitativ ähnliches Verhalten der Alkalien im Rauchgas zu beobachten. In Abbildung 21 ist die normierte Alkalikonzentration bei einer Verweilzeit von 4 Sekunden über der Reaktionsrohrtemperatur aufgetragen. Es ist zu erkennen, dass beide Elemente im Rauchgas der Braunkohlenverbrennung ein ähnliches Verhalten aufweisen. Die absolute Natriumkonzentration im Rauchgas ist trotz ausgeglichener Inhaltsmenge im Brennstoff – Kalium und Natrium kommen zu fast gleichen Anteilen in der Asche vor – geringer. Auch die Ergebnisse der sequentiellen Extraktion weisen einen ähnlichen Wert für die in schwacher Bindung vorliegenden Alkalien, Natrium und Kalium, aus, so dass mit einer verminderten Freisetzung des Natriums infolge stabilerer Bindung im Brennstoff nicht zu rechnen ist. Die niedrigere gasförmige Natriumkonzentration ist wahrscheinlich durch Einbindungsreaktionen, ob direkt im Brennstoff oder bereits in der Gasphase, im Frühbereich des Partikelabbrands, beeinflusst.
Betrachtet man die molaren Verhältnisse der Inhaltsstoffe der Braunkohle (siehe Tabelle 6), ist mit einer vermehrten Bildung von Alkalihydroxiden und –sulfaten zu rechnen, da die Bildung von Alkalichloriden durch einen unterstöchiometrischen Chloranteil gehemmt und die Bildung von Alkalisulfaten durch einen sehr hohen Schwefelanteil begünstigt wird.

5. 2. 1. 5. Braunkohle – Einfluss der Verweilzeit

Die Konzentration der gasförmigen Alkalien in Abhängigkeit von der Temperatur aufgetragen

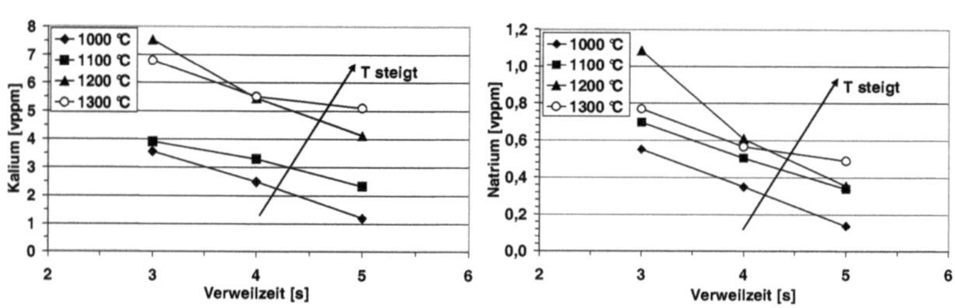

Abbildung 22: Braunkohle; Kalium und Natrium, λ = konst. = 1,15 in Abhängigkeit von Temperatur und Verweilzeit, bezogen auf 5 Vol-% O_2.

über der Verweilzeit ist in Abbildung 22 gezeigt. Die Luftzahl der Verbrennung wurde in diesem Versuch konstant auf 1,15 eingestellt.

Hier ist noch einmal deutlich zu sehen, dass die Konzentration der gasförmigen Alkalien mit steigender Verweilzeit abnimmt. Auch hier wird von Reaktionen der bereits gasförmig freigesetzten Alkalien mit Bestandteilen der Flugasche ausgegangen. Da ab der eingestellten Verweilzeit von 3 Sekunden kein Anstieg der gasförmigen Alkalikonzentration zu beobachten ist, kann man auch im Fall der Braunkohle von einer abgeschlossenen Freisetzung ausgehen. Hier überwiegen die Rückreaktionen der gasförmigen Alkalien zu festen Verbindungen.

5. 2. 1. 6. Braunkohle – Einfluss der Luftzahl

Das Verhalten der gasförmigen Alkalien bei Variation der Luftzahl und Verweilzeit bei konstanter Reaktionsrohrtemperatur von 1300°C ist in Abbildung 23 dargestellt.

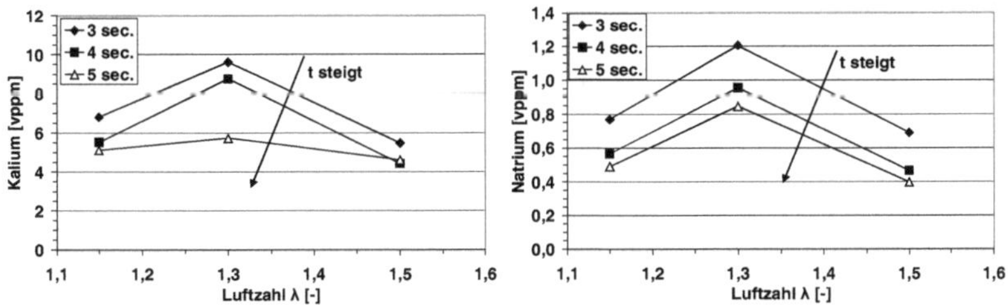

Abbildung 23: Braunkohle; Kalium und Natrium, T = konst. = 1300°C in Abhängigkeit von Verweilzeit und Luftzahl, bezogen auf 5 Vol-% O_2.

Der Einfluss der Verweilzeit auf die Einbindung ist deutlich erkennbar. Die Variation der Luftzahl hat eine maximale Alkalikonzentration bei mittlerer Luftzahl zur Folge. Ein weiterer anstieg der Luftzahl führt zu einer Absenkung der Konzentration auf ein Niveau, welches wenig unterhalb der Konzentration bei niedriger Luftzahl liegt. Bei der Verbrennung von Braunkohle existiert wahrscheinlich ein Optimum zwischen Partikeltemperatur und Sauerstoffangebot für eine Einbindung der Alkalien. Hier sind weitere Untersuchungen notwendig, um gesicherte Aussagen zum Verhalten der Alkalispezies bei der Verbrennung von Braunkohlen machen zu können.

5. 2 .1. 7. Fazit aus der Variation der Feuerungsparameter

Kalium und Natrium weisen im Verbrennungsprozess der Kohlen ein ähnliches Verhalten auf. Im Gegensatz zum Kalium besitzt Natrium eine höhere Neigung zur Freisetzung in die Gasphase. Betrachtet man das Verhalten der beiden Alkalimetalle im Hinblick auf die Verbrennungstemperatur erkennt man eine Zunahme der gasförmigen Alkalikonzentration mit steigender Temperatur. Mit steigender Temperatur kommt zusätzlich zu den im Brennstoff schwach gebundenen, leichtflüchtigen, Alkalien die Freisetzung von Alkalikomponenten aus höherwertigen mineralischen Verbindungen wie z. B. Tonmineral- oder Feldspatverbindungen (siehe Tabelle 1) hinzu. Man kann davon ausgehen, dass die Freisetzung der Alkalien aus der Kohle im Frühbereich der Verbrennung stattfindet. Hohe Verweilzeiten zwischen gasförmigen Alkalien und den mineralischen Bestandteilen der Kohle unterstützen die Einbindung in die feste Phase. Die Anhebung der Luftzahl führt zu einer vermehrten Freisetzung der Alkalien in die Gasphase. Die Übertemperatur am Kohlepartikel durch die heftigere Reaktion bei höherem Sauerstoffpartialdruck wird für diesen Effekt verantwortlich gemacht.

5. 2. 2. Variation der Brennstoffzusammensetzung

Die mineralische Substanz der Steinkohle ist durch die Zugabe von Tonerde und Natriumacetat, in verschiedenen Gewichtsanteilen, definiert verändert worden. Ziel war die Untersuchung des Einflusses der mineralischen Brennstoffsubstanz auf das Verhalten der gasförmigen Alkalien während des Verbrennungsprozesses. Es wurden Mischungen aus Steinkohle mit folgenden Zuschlagsmengen hergestellt:

Steinkohle + 1 Ma-% Tonerde
Steinkohle + 4 Ma-% Tonerde
Steinkohle + 1 Ma-% Natriumacetat

Die einzelnen Mischungen sind nach den Versuchsparametern aus Tabelle 10 bei konstanter Luftzahl unter Variation der Reaktionsrohrtemperatur und der Verweilzeit verbrannt worden.

5. 2. 2. 1. Steinkohle – Einfluss der Tonerde

In Abbildung 24 ist die Abhängigkeit der Konzentration gasförmiger Alkalien von der Zugabe von Tonerde dargestellt. Bei einer konstanten Luftzahl von 1,15 und einer konstanten Verweilzeit von 3 Sekunden ist die Alkalimetallkonzentration über der Reaktionsrohrtemperatur aufgetragen.

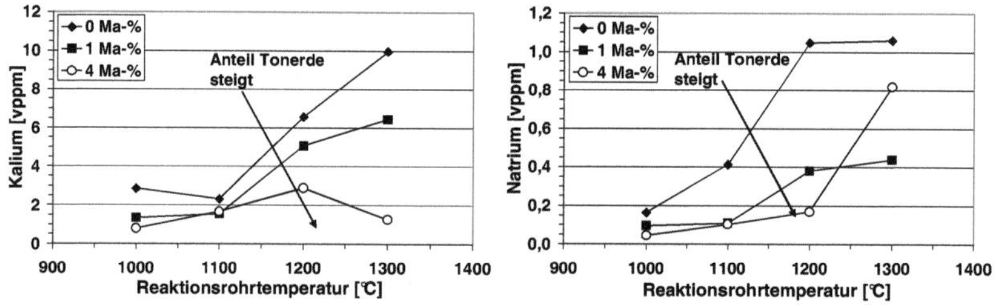

Abbildung 24: Kalium und Natrium, λ = konst. = 1,15, Verweilzeit = 3 Sek. in Abhängigkeit vom Anteil der Tonerde und der Temperatur, bezogen auf 5 Vol-% O_2.

Im Anhang (A 2. 3.) ist die Analyse der Brennstoff- Tonerdemischung gezeigt. Die Zugabe der Tonerde lässt den Ascheanteil im Brennstoff von 6,4 auf 7,2 bzw. 9,7 Ma-% steigen. Mit der Zugabe der Tonerde wird das Base-Säure-Verhältnis (B/A) gesenkt (siehe Tabelle 7). Die Senkung des B/A-Verhältnisses bedeutet ein Anstieg der sauren Mineralbestandteile in der Kohlenasche. Die Einbindung der basischen, gasförmigen Alkalikomponenten erfolgt nach einer Säure-Base Reaktion [45], [50]. Dementsprechend ist, wie in Abbildung 24 dargestellt, eine Abnahme der gasförmigen Alkalikonzentration mit ansteigender Tonerdezugabe zu erkennen.

Die Kaliumkonzentration fällt bei Zugabe von 4 Ma-% Tonerde und einer Verweilzeit von 3 Sekunden bei höchster Temperatur von 10 vppm auf 1,3 vppm. Die Natriumkonzentration fällt unter gleichen Bedingungen von ursprünglich 1.06 vppm auf 0,44 vppm bei Zugabe von 1 Ma-% Tonerde. Das Verhalten des gasförmigen Kaliums ändert sich zwischen 1200 und 1300 °C mit zunehmendem Tonanteil. Ohne Tonerdezugabe ist ein stetiger Anstieg zu beobachten. Mit zunehmendem Tonerdeanteil verflacht der Anstieg bzw. senkt sich fast auf das Konzentrationsniveau bei niedriger Temperatur ab. Das bedeutet, dass der Trend zur vermehrten Alkalifreisetzung bei hohen Temperaturen durch ein hohes Angebot an mineralischer Substanz mit Einbindungspotential umgekehrt werden kann.

Kinetische Faktoren der Gasphasen- / Feststoffreaktionen spielen hier eine wichtige Rolle. Je höher der Anteil an Silikaten und Tonmineralien mit Einbindungspotential in der Kohle ist, desto geringer ist der Einfluss der Kinetik, weil mehr aktive Zentren, an denen die Reaktionen ablaufen können, angeboten werden. Zusätzlich wird die Wiedereinbindungsreaktion bei hohem Mineralstoffanteil durch eine höhere Temperatur begünstigt, was vermutlich mit dem endothermen Reaktionsverlauf der Einbindung oder mit einem verbesserten Stofftransport aufgrund der Bildung von Schmelzphasen zu begründen ist. Dadurch ist es möglich, wie im Experiment gezeigt (Abbildung 24), dass gasförmige Alkalikonzentrationen bei sehr hohen Temperaturen wieder absinken können.

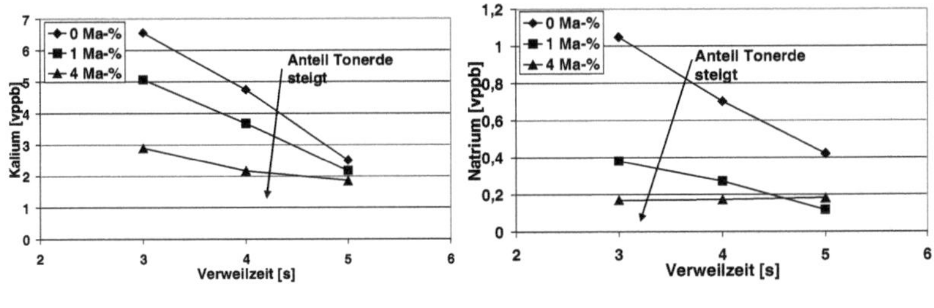

Abbildung 25: Kalium und Natrium λ = konst. = 1,15, Temperatur = 1200°C in Abhängigkeit vom Anteil der Tonerde über der Verweilzeit, bezogen auf 5 Vol-% O_2.

Die Abhängigkeit von der Verweildauer in der Reaktionszone ist in Abbildung 25 dargestellt. Hier ist die Konzentration der gasförmigen Alkalien über der Verweilzeit in Abhängigkeit von der Additivmenge bei konstanter Luftzahl (1,15) und Reaktionsrohrtemperatur (1200°C) aufgetragen. Man kann deutlich die Abnahme der Konzentration, also die Einbindung der gasförmigen Alkalien mit der Zunahme der Verweilzeit erkennen. Die Zugabe der maximalen Additivmenge von 4 Ma-% bewirkt aufgrund der hohen Mineralstoffkonzentration im Rauchgas eine Annäherung an den Gleichgewichtszustand. Das wird bei der Betrachtung der Messwerte der Natriumkonzentration deutlich. Die Konzentration über der Verweilzeit bleibt annähernd konstant.

5. 2. 2. 2. Steinkohle – Einfluss der Natriumacetatzugabe

Die Abbildung 26 zeigt den Einfluss der Zugabe von 1 Ma-% des organischen Natriumträgers Natriumacetat auf das Verhalten gasförmiger Kalium- und Natriumverbindungen. Hier ist die Gasphasenkonzentration über der Reaktionsrohrtemperatur bei einer konstanten Verweilzeit (4 Sekunden) und Luftzahl (1,15) aufgetragen.

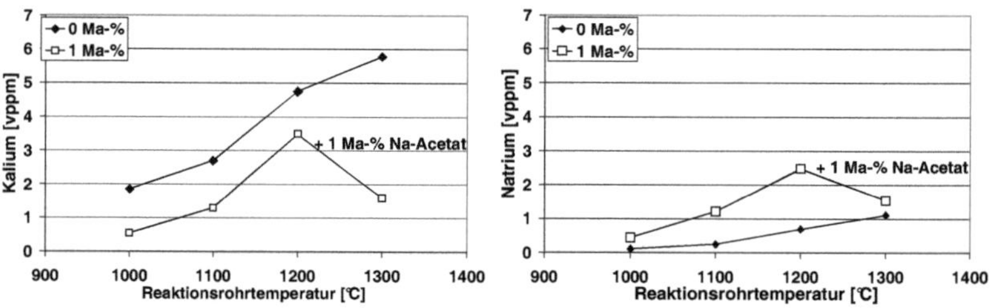

Abbildung 26: Kalium und Natrium, λ = konst. = 1,15, Verweilzeit = 4 Sek. in Abhängigkeit vom Natriumacetatanteil über der Temperatur, bezogen auf 5 Vol-% O_2.

Im Anhang A 2. 4. ist die Brennstoffanalyse für die Steinkohle / Natriumacetat – Mischung angegeben. Durch die Zugabe von 1 Ma-% Natriumacetat steigt die Natriummenge des Brennstoffs auf die 3,3-fache Menge an. Trotz der Annahme, dass das Natriumacetat zu den leicht flüchtigen Natriumverbindungen im Brennstoff gehört, da nicht silikatisch oder ähnlich stabil gebunden, konnte in dieser Messung die erwartete höhere Natriumkonzentration nicht nachgewiesen werden. Eine Erklärung für dieses Verhalten liefert das Chlor/Alkali-Verhältnis. Durch die Zugabe von 1 Ma-% Natriumacetat sinkt das Verhältnis von ursprünglich 1,02 auf 0,68 (siehe Tabelle 6). Es kann davon ausgegangen werden, dass durch den Mangel an Chlor die Alkalien verstärkt im Frühbereich der Verbrennung mit den mineralischen Komponenten der Kohle reagieren und deshalb bei höheren Verweilzeiten nur in geringerem Maße in der Gasphase vorhanden waren. Vergleicht man die Messkurven der Kaliumkonzentrationen (Abbildung 26) mit und ohne Natriumacetatzugabe erkennt man, trotz unveränderter Kaliummenge im Brennstoff, ebenfalls eine Abnahme der gasförmigen Kaliumkonzentration. Erklärung zu diesem Verhalten liefern Ergebnisse aus Kapitel 5.2.1.1. Dort ist anhand der normierten Konzentrationen für gasförmiges Kalium und Natrium (siehe

Abbildung 16) die Aussage getroffen worden, dass Natrium eine höhere Neigung zur Freisetzung in die Gasphase und Kalium eine höhere Neigung zur Bildung fester mineralischer Verbindungen besitzt. Somit verdrängt der erhöhte Natriumeintrag Kalium aus der Gasphase in die mineralische Substanz der Steinkohle.

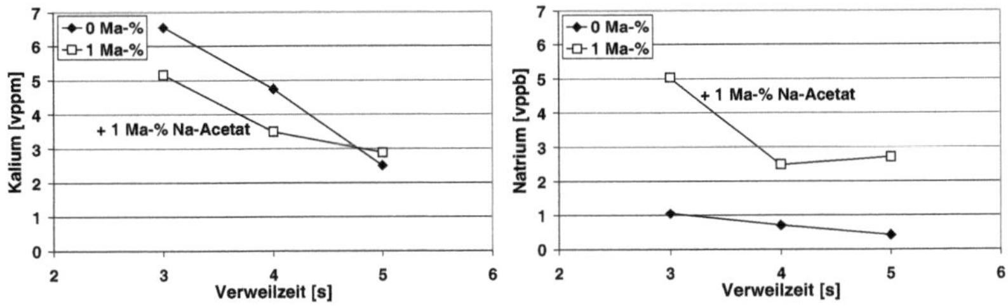

Abbildung 27: Kalium und Natrium λ = konst. = 1,15, Temperatur = 1200°C in Abhängigkeit vom Natriumacetatanteil über der Verweilzeit, bezogen auf 5 Vol-% O_2.

In Abbildung 27 ist der Einfluss der Verweilzeit auf das Emissionsverhalten bei der Zugabe von Natriumacetat gezeigt. Generell ist eine Abnahme der gasförmigen Alkalikonzentration mit steigender Verweilzeit gemessen worden. Nach einer Verweilzeit von 4 Sekunden zeigen die Messkurven der Alkalimetallkonzentrationen einen flacher werdenden, bzw. bei Natrium einen umkehrenden Kurvenverlauf. Es kann bei steigender Verweilzeit von einer beginnenden Sättigung und damit einer kinetischen Hemmung zur weiteren Einbindung gasförmiger Alkalien in die mineralische Brennstoffsubstanz ausgegangen werden.

5. 2. 2. 3. Fazit aus der Variation der Brennstoffzusammensetzung

Die Aufkonzentrierung sauerer Ascheelemente, insbesondere durch Silizium- und Aluminiumverbindungen, durch die Zugabe von Tonerde, führt zu einer Verminderung der Konzentration gasförmiger Alkalien. Unterstützt wird die Einbindung der Alkalimetalle Natrium und Kalium in feste, mineralische Verbindungen durch die Anhebung der Verweilzeit, also der Kontaktzeit gasförmiger Alkalien mit den mineralischen Kohlebestandteilen mit Einbindungspotential. Das gleichzeitige Vorhandensein eines hohen Mineralanteils und einer hohen Prozesstemperatur wirkt sich auf eine verbesserte Einbindung in die feste Phase aus.

Die Zugabe von organisch gebundenem Natrium zur Steinkohle lässt die Natriumkonzentration im Rauchgas steigen, jedoch unterproportional zur Zugabemenge. Die dadurch bedingte Verschiebung des Chlor/Alkali-Verhältnisses in Richtung eines überstöchiometrischen Alkaliangebots wirkt sich auf die verstärkte Einbindung der Alkalien in die feste mineralische Phase aus.

5. 2. 3. Variation der Gasphasenzusammensetzung

Die gezielte Zugabe von Chlor, Schwefel und Wasserdampf zur Verbrennungsluft sollte weitere Einflüsse auf das Verhalten gasförmiger Alkalien im Feuerungsprozess aufzeigen. Die Zugabemengen und die Feuerungsparameter sind in Tabelle 11 und Tabelle 12 angegeben.

5. 2. 3. 1. Steinkohle – Einfluss des Chlors

Rechnerisch wurde anhand der Daten der Kohlenanalyse und der Verbrennungsrechnung die theoretisch mögliche HCl-Menge im Rauchgas ermittelt und ist im folgenden als „1-fach HCl", Grundkonzentration, deklariert worden. Mit Hilfe des in Kapitel 4. 3. 3 beschriebenen

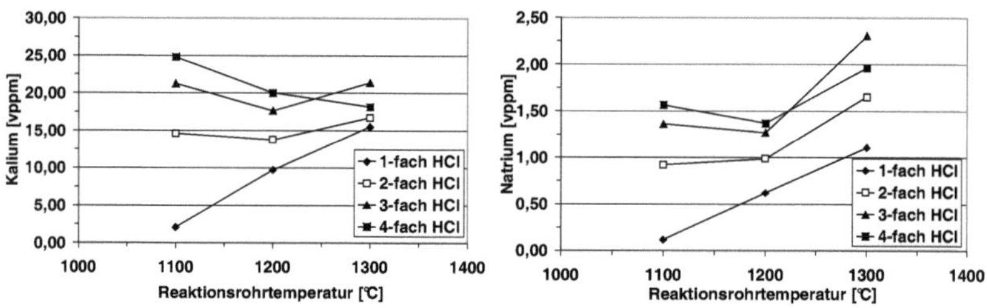

Abbildung 28: Steinkohle + HCl; Kalium und Natrium, λ = konst. = 1,15, Verweilzeit = 3 Sek. in Abhängigkeit von der HCl Menge über der Temperatur.

Gasgenerators ist im Verbrennungsversuch die HCl-Menge in drei Schritten, um das 2-, 3- und 4-fache der Grundkonzentration erhöht worden. Die Abbildung 28 zeigt die Konzentrationen gasförmigen Kaliums und Natriums unter dem Einfluss der erhöhten HCl-Zugabe. Hier ist die Konzentration für verschiedene HCl-Dosierungen über der Reaktionsrohrtemperatur aufgetragen. Die Zugabe von HCl führt zu einem Anstieg der Alkalimetallkonzentrationen über 20 vppm. Damit wird bei drei Versuchseinstellungen der sichere Messbereich überschritten und von der Selbstabsorption der angeregten Kalium- und Natriumatome verfälscht.

Grundsätzlich unterscheidet sich der Verlauf der Messkurven der HCl-Zugabe (2-, 3-, und 4-fach) im Vergleich zur reinen Steinkohleverbrennung (1-fach). Dieser Unterschied kann unter anderem damit begründet werden, dass die zusätzliche Chlormenge nicht mit dem Brennstoff in den Reaktionsraum, sondern mit der Verbrennungsluft eingebracht worden ist. Damit liegt das zusätzlich eingebrachte Chlor nicht im Brennstoffpartikel vor und muss somit erst durch intensive Vermischung der Suspension aus Verbrennungsluft, Rauchgas und abbrennendem Kohlenstaub dem Reaktionsort zugeführt werden.

Tabelle 13: Änderung der molaren Verhältnisse bei der HCl-Dosierung

Mischung	$\frac{Cl}{Na+K}$	$\frac{S}{2\cdot(Na+K)}$
1-fach HCl	1,02	2,43
2-fach HCl	2,03	2,43
3-fach HCl	3,05	2,43
4-fach HCl	4,06	2,43

Die Zugabe von HCl ließ das molare Verhältnis von Chlor zu Natrium und Kalium bis auf ein 4-faches ansteigen, siehe Tabelle 13. Somit war Chlor überstöchiometrisch im Verbrennungsprozess vorhanden und die Chlorierung der Alkalien wurde dadurch begünstigt. Aufgrund der stöchiometrisch begünstigten Chlorierungsreaktionen durch die Zugabe von Chlor, ist der Einfluss der Reaktionsrohrtemperatur auf die Konzentration der gasförmigen Alkalien nicht mehr so ausgeprägt wie im Basisversuch (1-fach).

Der Einfluss der zusätzlichen HCl-Menge ist in Abbildung 29 erkennbar. Hier ist die gasförmige Kalium- und Natriumkonzentration bei konstanter Luftzahl und

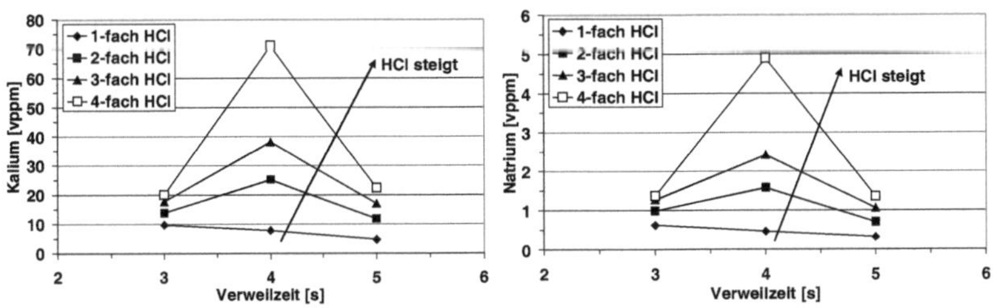

Abbildung 29: Steinkohle + HCl; Kalium und Natrium, λ = konst. = 1,15, Temperatur = 1200°C in Abhängigkeit von der HCl Menge über der Verweilzeit.

Reaktionsrohrtemperatur (1200°C) in Abhängigkeit von der HCl-Menge über der Verweilzeit dargestellt. Im Unterschied zur reinen Steinkohleverbrennung (1-fach HCl) sinkt die Alkalikonzentration nicht mit zunehmender Verweilzeit. Durch das Mehrangebot an Chlor wird die Freisetzung gasförmiger Alkalien zu einem höheren Verweilzeitspektrum verschoben. Die freisetzungsbestimmte Reaktion läuft bis zu einer Verweilzeit von ungefähr 4 Sekunden ab. Zwischen 4 und 5 Sekunden findet dann eine verstärkte Einbindung der in hoher Konzentration im Rauchgas der Feuerung vorliegenden Alkalichloride in die mineralischen Bestandteile der Kohle statt.

5. 2. 3. 2. Steinkohle - Einfluss des Schwefels

Wie im Fall der HCl-Dosierung ist anhand der Daten der Kohlenanalyse eine Verbrennungsrechnung durchgeführt und die theoretisch mögliche SO_2-Konzentration im Rauchgas bestimmt worden. Der Basisversuch ohne zusätzliche Schwefelbeigabe wurde auch hier wieder als „1-fach SO_2“ deklariert. Mit dem Gasgenerator ist die Schwefelmenge im Verbrennungsprozess auf ein 2-, 3- und anschließend 4-faches erhöht worden.

In Abbildung 30 ist die gasförmige Kalium- bzw. Natriumkonzentration in Abhängigkeit von der Reaktionsrohrtemperatur bei konstanter Luftzahl (1,15) und Verweilzeit (3 s) über der

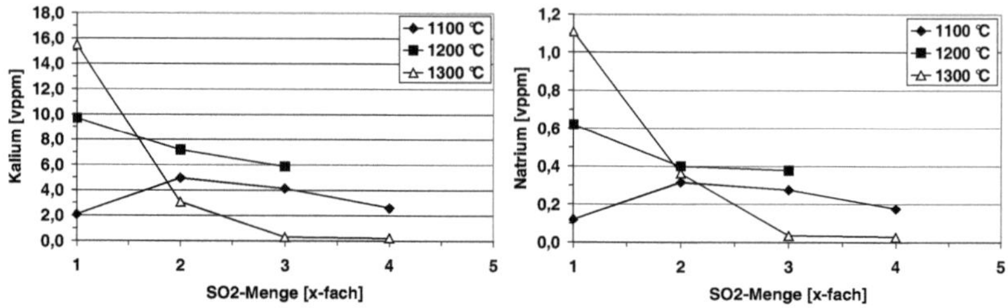

Abbildung 30: Steinkohle + SO_2; Kalium und Natrium, λ = konst. = 1,15, Verweilzeit = 3 s in Abhängigkeit von der Temperatur über der SO_2 Menge.

zugeführten Schwefelmenge dargestellt worden. Die Schwefelzugabe verschiebt das stöchiometrische Verhältnis des Schwefels zum Natrium und Kalium weit zugunsten der Sulfatbildung. Aus Tabelle 14 ist ersichtlich, dass das Verhältnis von 2,4 auf maximal 9,7 ansteigt. Da das Messsystem nur gasförmige Alkalien aus chloridischer, hydroxidischer und oxidischer Verbindung erfassen kann, tragen die gasförmigen Alkalisulfate nicht zum Messsignal bei. Es ist mit einer höheren Konzentration gasförmiger Alkalien (aus sulfatischer Bindung) zu rechnen, die aber mit dem hier eingesetzten Messaufbau nicht quantifiziert werden konnten. Im Allgemeinen gilt, dass die Menge der messbaren gasförmigen Alkalimetallverbindungen mit steigender Schwefelzugabe aufgrund der Alkalisulfatbildung abnehmen. Der genaue Einfluss der eingestellten Reaktionsrohrtemperatur auf der Gesamtalkalikonzentration in der Gasphase bei Erhöhung der Schwefelmenge konnte hier nicht eindeutig bestimmt werden.

Tabelle 14: Änderung der molaren Verhältnisse bei der SO_2-Dosierung

Mischung	$\frac{Cl}{Na+K}$	$\frac{S}{2\cdot(Na+K)}$
1-fach SO_2	1,02	2,43
2-fach SO_2	1,02	4,87
3-fach SO_2	1,02	7,3
4-fach SO_2	1,02	9,73

Abbildung 31 zeigt den Einfluss der Verweilzeit auf die Konzentration der gasförmigen Alkalimetalle. Dort ist die Kalium- und Natriummenge im Rauchgas bei konstanter Luftzahl und einer Reaktionsrohrtemperatur von 1200°C in Abhängigkeit von der zusätzlichen Schwefelmenge über der Verweilzeit aufgetragen.

Bis zu einer Verweildauer von 4 Sekunden ist eine Abnahme der gasförmig messbaren Alkalimetalle zu beobachten. Es wird angenommen, dass sich in dieser Zeit die nicht messbaren Alkalisulfate bilden. Der weitere Verweilzeitanstieg führt dann wiederum zu einer Erhöhung der gasförmigen Alkalimetalle im Rauchgas der Verbrennung. Eine Verschiebung der sulfatischen Verbindungen hin zu den messbaren Verbindungen (Chlorid-, Hydroxid- und Oxidverbindungen) wird für die Zunahme verantwortlich gemacht. Die höhere

Alkalimetallkonzentration nach 5 Sekunden Verweilzeit im Vergleich zum Messpunkt ohne zusätzliche Schwefeldosierung (1-fach) liegt in der verzögerten Bildung der messbaren Alkalien. Die Bildung von Alkalichloriden bei extrem überstöchiometrischer Schwefelmenge geschieht also erst nach Bildung und anschließender Zersetzung der sulfatischen Alkalimetallverbindungen.

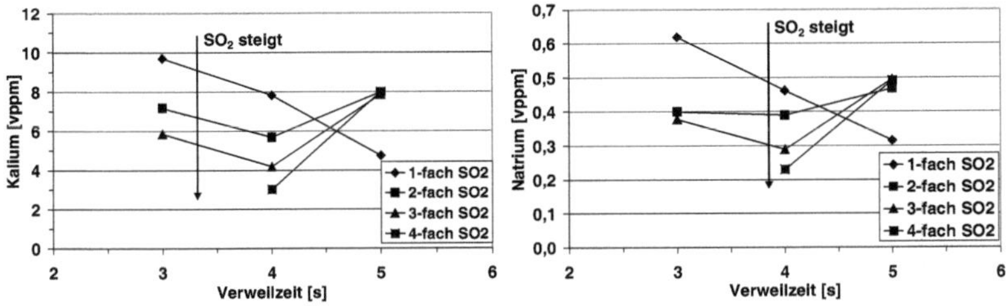

Abbildung 31: Steinkohle + SO_2; Kalium und Natrium, λ = konst. = 1,15, Temperatur = 1200°C in Abhängigkeit von der SO_2 Menge über der Verweilzeit.

Wahrscheinlich wäre bei einer weiteren Erhöhung der Verweilzeit eine Abnahme, also die Einbindung in die mineralische Substanz zu beobachten. Daraus läßt sich schließen, dass die Einbindung in die mineralische Substanz bevorzugt aus chloridischer und hydroxidischer Bindung abläuft. Das konnte von Tran et al. [96] bestätigt werden. In Experimenten unter den Bedingungen der Wirbelschichtverbrennung untersuchte er die Einbindung von KCl, KOH und K_2SO_4 durch Kaolinit und stellte fest, dass die Einbindung des Kaliums aus chloridischer und hydroxidischer Bindung begünstigt ablief.

5. 2. 3. 3. Steinkohle – Einfluss des Wasserdampfs

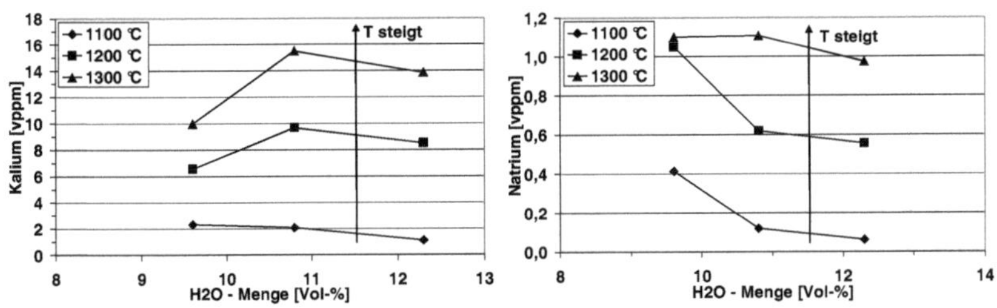

Abbildung 32: Steinkohle + H_2O; Kalium und Natrium, λ = konst. = 1,15, Verweilzeit = 3 Sek. in Abhängigkeit von der Temperatur über der H_2OMenge.

Wasserdampf ist dem Verbrennungsprozess mit Hilfe des Gasgenerators zudosiert worden. Rechnerisch ist die Grundkonzentration „Wasserdampf" im Rauchgas zu 9,6 Vol-% ermittelt worden. Die Wasserdampfkonzentration konnte, je nach Versuchseinstellung, mit dem Gasgenerator auf maximal 14,34 Vol-% erhöht werden. Die Abbildung 32 zeigt die Kalium-

und Natriumkonzentration bei konstanter Luftzahl (1,15) und Verweilzeit (3 s) in Abhängigkeit von der eingestellten Reaktionsrohrtemperatur über der dosierten Wasserdampfmenge.

Ein ausgeprägter Effekt des Wasserdampfes auf das Verhalten des Kaliums kann nicht beobachtet werden. Ein schwacher Effekt auf die Einbindung gasförmiger Kaliumkonzentrationen in die feste, mineralische Brennstoffsubstanz wird mit steigendem Wasserdampfanteil ausgeübt. Die Einbindung des gasförmigen Natriums in die mineralische Substanz der Steinkohle während des Verbrennungsprozesses wird durch eine Erhöhung der Wasserdampfmenge positiv unterstützt. Die gasförmige Natriumkonzentration sinkt unterhalb ihrer Konzentration während des Grundversuches ab (Grundversuch; 9,6 Vol-% Wasserdampf). Wie in Kapitel 5. 2. 1. 3. „Einfluss der Luftzahl" erwähnt, wird Sauerstoff bei der Einbindung in die mineralische Substanz benötigt. Im Gegensatz zur Erhöhung der Sauerstoffmenge im Verbrennungsprozess durch die Anhebung der Luftzahl wird in diesem Fall Wasser als Sauerstoffträger in den Prozess eingebracht. Dadurch werden Partikelübertemperaturen vermieden und die Einbindungsreaktion gegenüber der weiteren Alkalifreisetzung begünstigt.

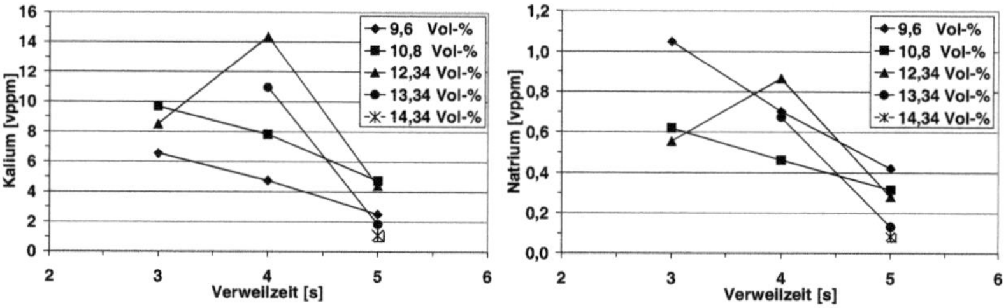

Abbildung 33: Steinkohle + H_2O; Kalium und Natrium, λ = konst. = 1,15, Temperatur = 1200°C in Abhängigkeit von der H_2O Menge über der Verweilzeit.

Bei einer konstanten Luftzahl (1,15) und bei einer konstanten Reaktionsrohrtemperatur von 1200°C sind in Abbildung 33 die Konzentrationen gasförmigen Kaliums und Natriums in Abhängigkeit von der Wasserdampfmenge im Rauchgas über der Verweilzeit dargestellt. Generell kann man erkennen, dass sich die Anhebung der Verweilzeit und die Erhöhung der Wasserdampfkonzentration im Rauchgas auf die Einbindung der gasförmigen Alkalimetalle auswirken.

5. 2. 3. 4. Steinkohle – Gemeinsame Dosierung HCl, SO_2 und H_2O

Der Einfluss einer gleichzeitigen Erhöhung aller vorher diskutierten Parameter, Chlor, Schwefel und Wasser, ist im Folgenden dargestellt. In Tabelle 15 sind die mit dem Gasgenerator eingestellten Versuchsparameter aufgezeigt. Der Versuch „Mix 1" ist der Grundversuch ohne die zusätzliche Dosierung mit dem Gasgenerator. In den drei weiteren Versuchen sind die Bestandteile HCl, SO_2 und H_2O in unterschiedlicher Wichtung dem

Tabelle 15: Zusammengesetzte Variation der Gasparameter.

Name	HCl	SO_2	H_2O	Charakteristik
Mix 1	Grundversuch (ohne Gasmischung)			
	1-fach	1-fach	9,6 Vol-%	
Mix 2	2-fach	1,5-fach	11,5 Vol-%	HCl hoch
Mix 3	1,5-fach	2-fach	11,5 Vol-%	SO_2 hoch
Mix 4	1,5-fach	1,5-fach	12,3 Vol-%	H_2O hoch

Prozess zugegeben worden, so dass jeweils eine Komponente die charakteristische in dieser Mischung war.

In Abbildung 34 sind die Messergebnisse für die Konzentration gasförmiger Alkalien bei konstanter Luftzahl (1,15) und konstanter Verweilzeit (3 Sekunden) in Abhängigkeit von der Gasmischung über der eingestellten Reaktionsrohrtemperatur gezeigt. Deutlich ist zu erkennen, dass die Zugabe von Chlor (Mix 2) den größten Effekt auf eine verstärkte Bildung gasförmiger Alkalien aufweist. Eine Erhöhung der Schwefelmenge (Mix 3) bei gleichzeitiger Absenkung der HCl-Menge führt zu einem ähnlichen Kurvenverlauf, jedoch auf niedrigerem Niveau. Daraus ist zu schließen, dass die Freisetzung der Alkalien aus dem Brennstoff im

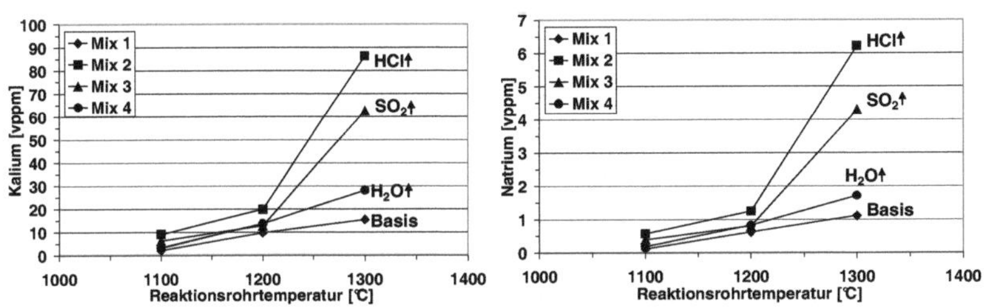

Abbildung 34: Steinkohle + Gasmischung; Kalium und Natrium, λ = konst. = 1,15, Verweilzeit = 3 Sek. in Abhängigkeit der Gasmischung über der Temperatur.

Wesentlichen vom Chlor beeinflusst wird und der Einfluss des Schwefels bei hoher Cl-Menge, im betrachteten Temperaturbereich auf die Sulfatbildung gering ist. Die Zugabe gleicher Mengen HCl und SO_2 und die Erhöhung des Wasserdampfanteils (Mix 4) führt zu einem Kurvenverlauf, welcher dem des Basisversuchs gleicht. Die drastische Erhöhung der gasförmigen Konzentration der Alkalimetalle, wie bei den Mischungen 2 und 3, wird hier nicht beobachtet. Daraus kann man schließen, im Vergleich zu Mix 3, dass die Freisetzung von Alkalichloriden durch die Anwesenheit von Wasserdampf gehemmt wird.

In Abbildung 35 ist die Konzentration gasförmigen Kaliums und Natriums bei konstanter Luftzahl und Reaktionsrohrtemperatur für die verschiedenen Gasmischungen über der Verweilzeit dargestellt. Die Zugabe der Gasmischung mit dominierendem Chloranteil führt schon bei geringer Verweilzeit zu hohen Konzentrationen gasförmiger Alkalien, die mit zunehmender Verweilzeit abnimmt. Die Erhöhung des Schwefelanteils bei gleichzeitiger Absenkung des Chloranteils führt zu einer Verschiebung der Alkalifreisetzung zu höheren

Verweilzeiten. Ab 4 Sekunden ist dann eine Abnahme der Konzentration zu beobachten. Mischung 4, mit erhöhtem Wasserdampfanteil, verhält sich hier ähnlich wie die vorher beschriebene Mischung 3, mit erhöhtem Schwefelanteil. Die Form der Messkurven, mit maximaler Freisetzung im mittleren Verweilzeitbereich, ähneln denen der Kurven (siehe Abbildung 29) der reinen HCl-Zugabe. Daraus ist, wie vorher schon genannt, zu folgern, dass Chlor, in dem hier betrachteten Temperaturbereich über 1100°C, den dominierenden Einfluss auf das Verhalten von Alkalien im Verbrennungsprozess ausübt und die freisetzungsbestimmte Reaktion zu höheren Verweilzeiten verschiebt.

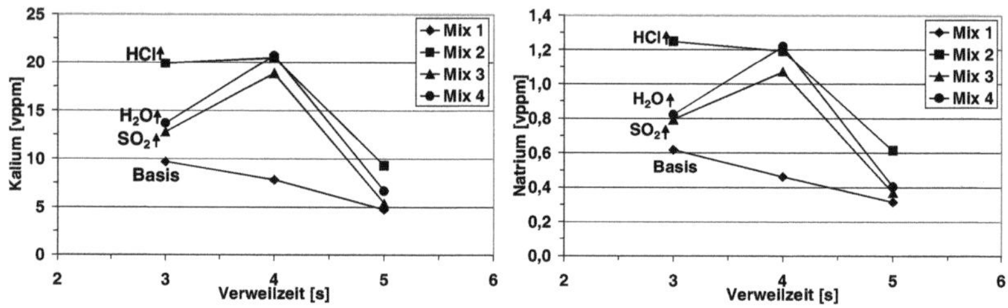

Abbildung 35: Steinkohle + Gasmischung; Kalium und Natrium, λ = konst. = 1,15, Temperatur = 1200°C in Abhängigkeit der Gasmischung über der Verweilzeit.

5. 2. 3. 5. Fazit aus der Variation der Gasphasenzusammensetzung

Die separate und gemeinsame Zugabe von Chlor, Schwefel und Wasserdampf in verschiedenen Konzentrationen in den Verbrennungsprozess zeigte, dass der Haupteinfluss auf die Freisetzung von gasförmigen Alkalien vom Chlor ausgeht. In Abbildung 36 sind die aus den Verbrennungsversuchen abgeleiteten Mechanismen der Freisetzung und Wiedereinbindung in die feste, mineralische Phase für die beiden Fälle Chlor- und Schwefelüberschuss am Beispiel von Natrium noch einmal schematisch dargestellt. Vereinfachend ist für die feste mineralische Phase nur Silizium gewählt worden. Die Reaktionsmechanismen gelten im übertragenen Sinne auch für Kalium. Nur das kinetische Verhalten beider Alkalimetalle unterscheidet sich voneinander. Die durchgeführten Messungen haben gezeigt, dass Kalium eine höhere Neigung zur Einbindung in die mineralische, feste Phase im Vergleich zum Natrium besitzt.

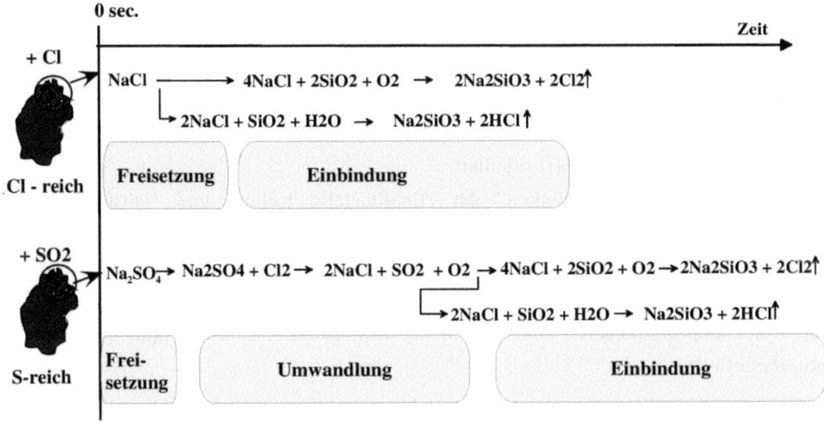

Abbildung 36: Reaktionsmechanismen bei chlor- und schwefelreicher Verbrennung.

Die Erhöhung des Chloranteils wirkt sich auf eine verstärkte Freisetzung der Alkalien in die Gasphase und auf eine Verlängerung der freisetzungsbestimmten Reaktion zu höheren Verweilzeiten aus. Die Anwesenheit hoher Wasserdampfanteile im Verbrennungsprozess begünstigt die Wiedereinbindung der gasförmigen Alkaliverbindungen in die feste, mineralische Phase.

Ein hoher Schwefelanteil im Brennstoff führt im Anfangsbereich der Reaktion wahrscheinlich zuerst zur Bildung von Alkalisulfaten. Alkalisulfate sind bei hohen Schwefelanteilen und niedrigen Temperaturen, die im Anfangsbereich während des Aufheizvorganges am Partikel vorherrschen, die thermodynamisch bevorzugten Spezies.

Mit der in den Verbrennungsversuchen eingesetzten Messtechnik zur Erfassung gasförmiger Alkalimetallverbindungen tragen feste, aerosolähnliche und gasförmige Alkalisulfate nicht zum Messsignal bei. Mit fortschreitender Verweilzeit wird eine Zunahme der gasförmigen Alkalikonzentration gemessen. Aus den nicht detektierbaren Alkalisulfaten entstehen, im betrachteten Temperaturbereich über 1100°C, wieder messtechnisch nachweisbare Alkalichlorid und –hydroxidverbindungen. Vor der Wiedereinbindung in die mineralische Phase steht also noch der Zwischenschritt der Umwandlung der Alkalien aus der sulfatischen Form in die chloridische, bzw. hydroxidische. Das bedeutet, dass der Prozess der Wiedereinbindung verzögert wird und dementsprechend bei schwefelreichen Brennstoffen längere Verweilzeit benötigt. Die Einbindung der gasförmigen Alkalien läuft bevorzugt dann ab, wenn diese in chloridischer bzw. hydroxidischer Form vorliegen. Die Einbindung von gasförmigen Alkalisulfaten ist kinetisch gehemmt.

5. 3. Thermodynamische Gleichgewichtsberechnungen

5. 3. 1. Dampfdruckkurven ausgewählter Verbindungen

Zur unterstützenden Auswertung der experimentellen Ergebnisse wurde das Verhalten der Gas- und Festphase bezüglich Kalium und Natrium mit Hilfe der thermodynamischen Gleichgewichtsberechnung (HSC [94]) simuliert.

Im ersten Schritt ist die „Flüchtigkeit“ der Alkalimetalle Kalium und Natrium aus verschiedenen charakteristischen Einzelverbindungen (Chlorid, Karbonat, Silikat und Alumosilikat) bestimmt worden. In Abbildung 37 und Abbildung 38 sind die Ergebnisse des gasförmigen Anteils von Kalium bzw. Natrium über dessen jeweiligen festen Verbindungen dargestellt. Die Dampfdruckkurven sind dort in der Konzentrationseinheit vppm über der Temperatur dargestellt.

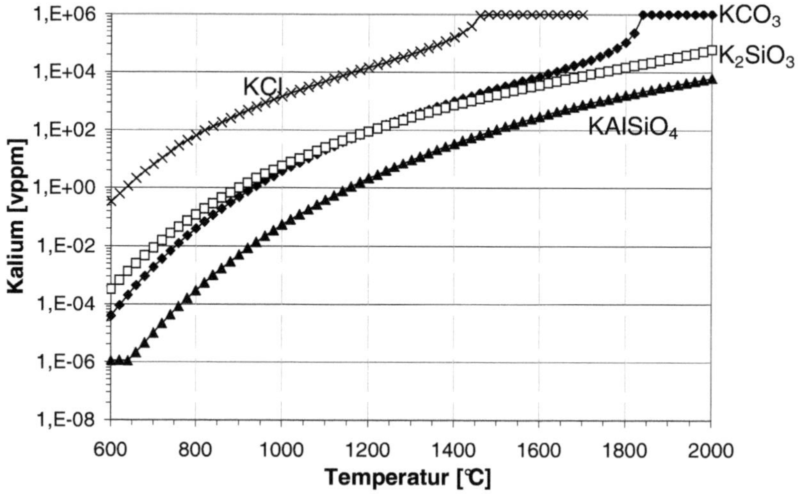

Abbildung 37: Dampfdruckkurven für verschiedene Kaliumverbindungen, angegeben in vppm (1E 10^6 vppm = 1 bar).

Anhand der Dampfdruckkurven wird deutlich ersichtlich, dass die als schwach in die Kohlematrix eingebunden geltenden Alkalichloride einen wesentlich höheren Dampfdruck besitzen und somit „flüchtiger“ sind. Alkalien aus mineralischen Alumosilikatverbindungen werden im Temperaturbereich unter 1000°C nur unwesentlich in die Gasphase freigesetzt.

Der Vergleich der experimentell ermittelten Konzentrationswerte der gasförmigen Alkalien mit den hier berechneten temperaturabhängigen Sättigungskonzentrationen zeigt, dass die gemessenen Konzentrationen bei ihrer jeweiligen Temperatur in der Reaktionszone unterhalb der Sättigungskonzentrationen liegen. Damit kann die Kondensation gasförmiger Alkalien im gewählten Versuchsaufbau ausgeschlossen werden.

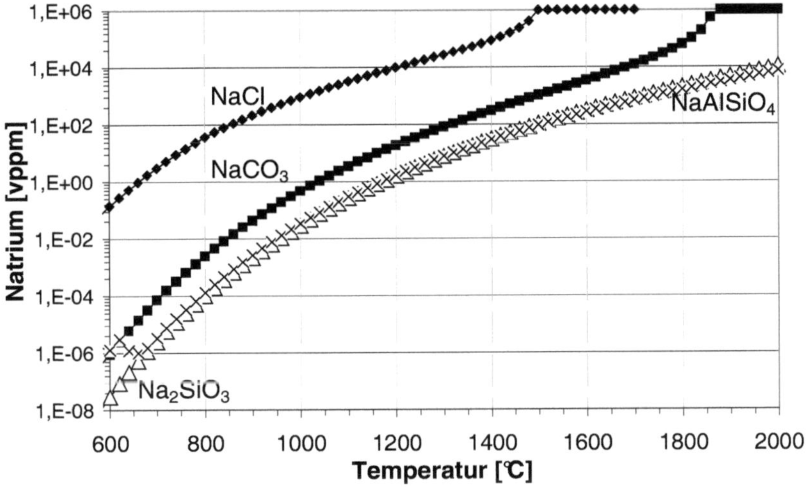

Abbildung 38: Dampfdruckkurven für verschiedene Natriumverbindungen, angegeben in vppm (1E 10^6 vppm = 1 bar).

5. 3. 2. Kalium- und Natriumbilanz

Die Berechnung des thermodynamischen Gleichgewichts berücksichtigt nicht die Kinetik, also die Zeitabhängigkeit, der jeweiligen Reaktionen. Sie berechnet den Gleichgewichtszustand der verschiedenen Spezies und Phasen, abhängig von Druck und Temperatur. Die Rechnungen setzen voraus, dass der Gleichgewichtszustand vollständig, ohne kinetische Hemmnisse erreicht wird. Der Einfluss der Verweilzeit auf die Alkalikonzentration im Rauchgas ist mit Gleichgewichtsberechnungen somit nicht erfassbar. Aus den Berechnungsergebnissen lassen sich Phasen- und Speziesgleichgewichte der Alkalien in Abhängigkeit von der Brennstoffzusammensetzung und der Temperatur (oder dem Druck) aufzeigen. Der Einfluss der Verweilzeit auf das Verhalten der gasförmigen Alkalispezies kann daher nur mit experimentellen Untersuchungen quantifiziert werden.

In den Berechnungen wurden in Anlehnung an die experimentellen Ergebnisse Variationen der Temperatur, Luftzahl (Sauerstoffüberschuss) sowie Brennstoff- und Gasphasenzusammensetzung durchgeführt. Die Ergebnisse der Berechnungen sind graphisch dargestellt im Anhang A 4 zu finden. Die Diagramme zeigen die jeweiligen Kalium- und

Natriumbilanzen, also die Verteilung der beiden Elemente auf ihre Bindungspartner und Phasen, in Abhängigkeit von der Temperatur.

5. 3. 2. 1. Einfluss der Temperatur

Abbildung 39 und Abbildung 40 zeigen für den Referenzfall der Steinkohleverbrennung bei einer Luftzahl von 1,15 die Verteilung der betrachteten Alkalikomponenten auf die Fest- und Gasphase, sowie ihre thermodynamisch stabilsten Verbindungen.

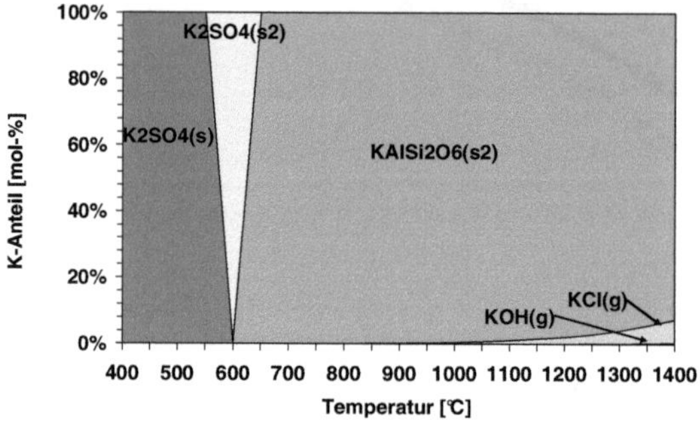

Abbildung 39: Kalium-Bilanz [mol-%] – Steinkohle; Luftzahl = 1,15; Kaliummenge im Brennstoff pro kg = 0,04 mol

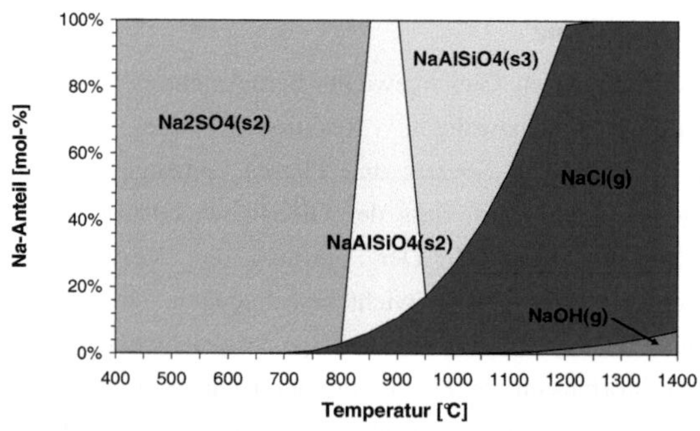

Abbildung 40: Natrium-Bilanz [mol-%] – Steinkohle; Luftzahl = 1,15; Natriummenge im Brennstoff pro kg = 0,009 mol

Für Steinkohle zeigt sich ein deutliches Bild. Kalium liegt selbst bei der maximal berechneten Temperatur von 1400°C hauptsächlich als festes Alumosilikat vor. Gasförmiges Kalium existiert vorwiegend als Chlorid und erst bei sehr hoher Temperatur (> 1300°C) in geringen Mengen als Hydroxidverbindung. Dabei beträgt die maximale Freisetzung des Kaliums in die Gasphase ungefähr 7 mol-% der gesamten Kaliummenge aus der Steinkohle. Die bevorzugte Bildung der Alkalialumosilikate ist auf die hohen Al- und Si-Gehalte der Steinkohle zurückzuführen. Im Temperaturbereich unter 700°C ist Kaliumsulfat die thermodynamisch stabilste Form. Darüber hinaus ist unter den gegebenen Bedingungen nicht mehr mit der Bildung von Kaliumsulfaten zu rechnen.
Im Falle des Natriums ist eine verstärkte Natriumchloridbildung ab etwa 900°C zu beobachten. Ab 1300°C ist nach der thermodynamischen Gleichgewichtsberechnung sämtliches Natrium in die Gasphase in Form von Chloriden und Hydroxiden übergegangen. Somit kann auch mit der thermodynamischen Gleichgewichtsberechnung die im experimentellen Teil getroffene Annahme, die größere Neigung des Natriums zum Übergang in die Gasphase, nachgewiesen werden. Es konnte jedoch im experimentellen Teil, zum Vergleich mit den Berechnungen, nie eine vollständige Freisetzung des Natriums in die Gasphase gemessen werden.
Die Gegenüberstellung der berechneten Konzentrationswerte mit den Messwerten (siehe: **Fehler! Verweisquelle konnte nicht gefunden werden.**) ist in Abbildung 41 dargestellt. Zum Vergleich mit den berechneten Werten wurden die bei höchster Verweilzeit ermittelten Messwerte herangezogen. Diese kommen den Bedingungen des thermodynamischen Gleichgewichts (kein Einfluss der Kinetik) am nächsten.

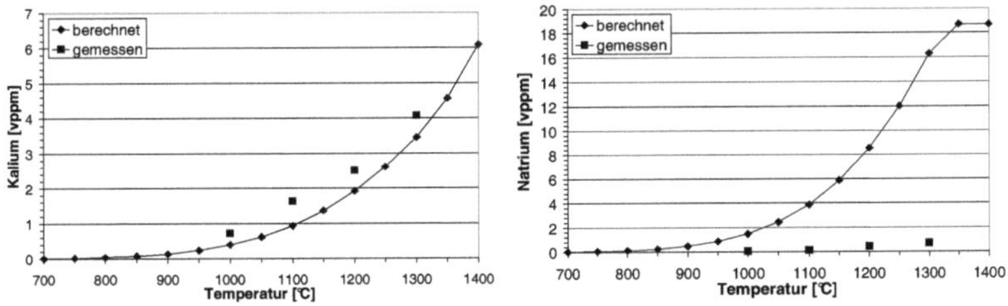

Abbildung 41: Steinkohle; Kalium und Natrium, λ = konst. = 1,15. Vergleich der gemessenen (Verweilzeit = 5 sec.) mit berechneten Werten.

Für Kalium ist qualitativ und quantitativ eine sehr gute Übereinstimmung zu beobachten. Zieht man in Betracht, dass der Trend der gemessenen Werte mit steigender Verweilzeit abnimmt (siehe Abbildung 18), kann man davon ausgehen, dass mit weiter ansteigender Verweilzeit eine weitere Annäherung an die berechnete Kurve zu erwarten ist. Daraus ist ersichtlich, dass der Gleichgewichtszustand im Verbrennungsversuch nicht erreicht worden ist. Der Anstieg der berechneten gasförmigen Natriumkonzentration mit steigender

Temperatur stimmt mit den gemessenen Konzentrationen grundsätzlich überein. Allerdings konnte weder der berechnete starke Anstieg der Natriumkonzentration über der Temperatur noch der quantitative Vergleich zwischen den berechneten Werten und den Messwerten bei höheren Temperaturen in Übereinstimmung gebracht werden. Es kann nicht ausgeschlossen werden, dass die Vielzahl von möglichen Natriumverbindungen im inhomogenen Brennstoff Kohle in Bezug auf die geringe Natriummenge nicht durch ausreichend gesicherte thermochemische Daten nachgewiesen werden kann oder das Gleichgewicht der Natriumverbindungen im Versuch nicht annähernd erreicht worden ist. Erst ein Überangebot von Natrium, siehe Kapitel 5. 3. 2. 5., Zugabe von Natriumacetat, führte zu einer plausibleren Verteilung der Natriumspezies zwischen der Gas- und Festphase.

5. 3. 2. 2. Einfluss der Luftzahl

Die Verteilung des Kaliums und Natriums auf ihre Spezies unterscheidet sich nicht von den bisher gezeigten – Referenzfall, Steinkohle, λ = 1,15. Der Einfluss der Luftzahl liegt in der quantitativ unterschiedlichen Menge der sich jeweils gebildeten Spezies. In Abbildung 42 sind die Messwerte und berechneten Werte für gasförmiges Kalium und Natrium über der Luftzahl bei einer Temperatur von 1300°C und einer Verweilzeit von 5 Sekunden dargestellt. Die angegebenen Werte, errechnete und gemessene, sind auf einen Sauerstoffgehalt von 5 Vol-% im Rauchgas normiert worden.

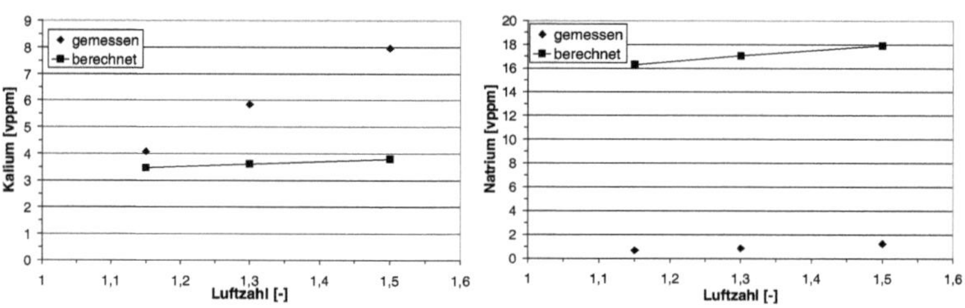

Abbildung 42: Steinkohle; Kalium und Natrium, T = konstant = 1300°C. Vergleich der gemessenen (Verweilzeit = 5 sec.) mit berechneten Werten.

Der gemessene Anstieg der gasförmigen Alkalikonzentration mit zunehmender Luftzahl konnte auch rechnerisch nachgewiesen werden. Betrachtet man die Kaliumemission, weicht der gemessene Wert mit zunehmender Luftzahl vom berechneten ab. Die Erklärung für die steigende Abweichung der gemessenen Punkte von der berechneten Kurve ist die verschärfte Abbrandreaktion mit entsprechender Übertemperatur am Partikel, die zu einer verstärkten Freisetzung führt. Das berechnete Verhalten des Natriums stimmt qualitativ mit den Messpunkten überein. Quantitativ konnte die berechnete, vollständige Freisetzung des Natriums in die Gasphase experimentell nicht nachgewiesen werden.

5. 3. 2. 3. Braunkohle

Im Anhang A 4 befinden sich die Darstellungen der Kalium- und Natriumbilanzen für die Verbrennung der Braunkohle. Ab einer Temperatur von etwa 900°C sind die Alkalimetalle Kalium und Natrium komplett in die Gasphase freigesetzt. Die niedrigen Silizium- und Aluminiumgehalte der Braunkohlenasche bieten nicht genügend Potential zur Einbindung der Alkalien bei hohen Temperaturen. Im Falle des Natriums findet keine silikatische Einbindung während des gesamten berechneten Temperaturbereichs statt. Bis 900°C liegt Natrium in fester sulfatischer Bindung vor, bevor es komplett als Chlorid und mit weiter steigender Temperatur als Hydroxid in die Gasphase freigesetzt wird. Kalium wird im mittleren Temperaturbereich silikatisch eingebunden, bevor es ebenfalls komplett in die Gasphase freigesetzt wird. Die Annahme aus Kapitel 5. 2. 1. 4., dass sich aufgrund des niedrigen Chlor/Alkali Verhältnisses ein beträchtlicher Teil Alkalihydroxide als Gasphasenverbindung bildet, kann hier bestätigt werden.

5. 3. 2. 4. Einfluss der Brennstoffzusammensetzung - Tonerde

Die Darstellung der Kalium- und Natriumbilanz für die Verbrennung der Mischung aus Steinkohle und Tonerde ist im Anhang A 4 zu finden. Die thermodynamische Gleichgewichtsberechnung zeigt ähnliche Ergebnisse in Bezug auf die bei der Reaktion gebildeten Spezies wie in den vorherigen Berechnungen auch. Eine Verschiebung des Gleichgewichts der Alkalispezies zur festen Phase wurde nachgewiesen. Bei der höchsten

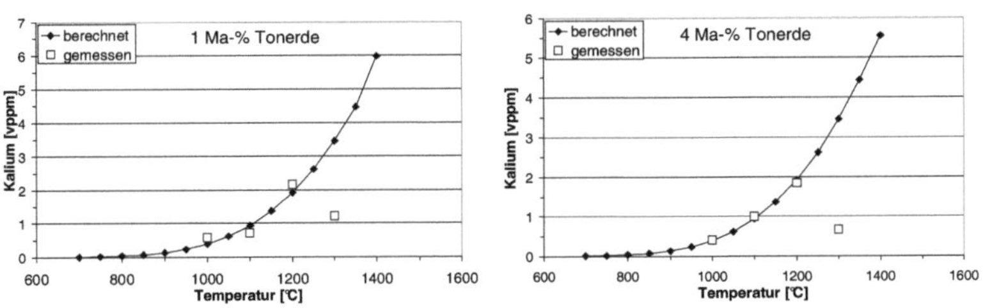

Abbildung 43: Steinkohle; gasförmige Kaliumkonzentration λ = konst. = 1,15. Vergleich der gemessenen (Verweilzeit = 5 sec.) mit berechneten Werten für 1 Ma-% (links) und 4 Ma-% (rechts) Tonzugabe.

berechneten Temperatur (1400°C) ist mit zunehmender Tonmenge eine geringe Abnahme der gasförmigen Alkalikonzentration zugunsten der Alkalialumosilikatbildung zu beobachten.

Bis zu einer Temperatur von 1200 °C findet man für Kalium eine gute Übereinstimmung zwischen Messung und Berechnung. Die experimentell nachgewiesene Abnahme der Alkalikonzentration bei hohen Temperaturen (1300 °C) konnte mit der thermodynamischen Gleichgewichtsberechnung nicht nachgebildet werden. Da im Experiment keine Versuche bei höheren Temperaturen als 1300°C durchgeführt worden sind, ist die Aussage der

Konzentrationsabnahme bei steigender Temperatur nicht gesichert. Wie in den vorher beschriebenen Fällen konnte die berechnete, vollständige Freisetzung des Natriums in die Gasphase nicht experimentell nachgewiesen werden.

5. 3. 2. 5. Einfluss der Brennstoffzusammensetzung – Natriumacetat

Die Zugabe von Natriumacetat zeigte in der Berechnung des Gleichgewichts keinen Einfluss auf die Kaliumbilanz, siehe Anhang A 4. Die Natriumbilanz verändert sich, zugunsten der Bildung von festen Natriumalumosilikat im hohen Temperaturbereich. Das Natriumüberangebot führt thermodynamisch gesehen zu einer Verschiebung des Gleichgewichts von der Gasphase in die feste Phase. Das unterstöchiometrische Chlorangebot verhindert somit den Transport des Natriums in die Gasphase. Die gemessenen Konzentrationen gasförmigen Natriums weichen jedoch von der berechneten Konzentration ab, siehe Abbildung 44. Im Fall des Kaliums ist eine bessere Übereinstimmung zwischen der gemessenen und berechneten Konzentration zu finden. Der qualitative Verlauf der Messkurven folgt bis 1200 °C dem Verlauf der berechneten Werte.

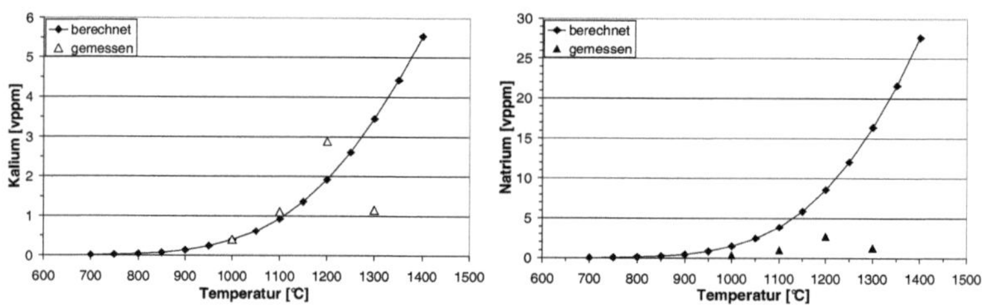

Abbildung 44: Steinkohle + 1 Ma-% Natriumacetat; Kalium und Natrium, λ = konst. = 1,15. Vergleich der gemessenen (Verweilzeit = 5 sec.) mit berechneten Werten.

5. 3. 2. 6. Einfluss des Chlors

Der starke Einfluss der HCl-Dosierung konnte auch in den Ergebnissen der Gleichgewichtsberechnung wieder gefunden werden. In der Kaliumbilanz (siehe Anhang A 4) verschiebt sich das Gleichgewicht zu höheren Konzentrationen gasförmigen Kaliumchlorids. Es stieg bei einer Temperatur von 1400°C von 6 vppm für die Berechnung der reinen Steinkohle (Referenz) auf 26,6 vppm bei der Erhöhung des Chlorgehalts um das 4-fache. Die Natriumbilanz zeigt die komplette Freisetzung des Natriums schon bei einer Temperatur von 1100°C. Eine qualitative und quantitative Übereinstimmung der gemessenen und berechneten Werte konnte nicht nachgewiesen werden.

5. 3. 2. 7. Einfluss des Schwefels

Das Gleichgewicht der Alkalien wird unter den hier untersuchten Umständen nicht vom Schwefel beeinflusst. Die Bilanzen für Kalium und Natrium (siehe Anhang A 4) gleichen denen der Steinkohleverbrennung bei einer Luftzahl von 1, 15 (Referenzfall). Trotz der um das 4-fach erhöhten Schwefelanteils konnte die nennenswerte Bildung von gasförmigen Alkalisulfaten rechnerisch nicht nachgewiesen werden.

5. 3. 2. 8. Einfluss des Wasserdampfs

Die Gleichgewichtsberechnungen wurden abschließend für die Erhöhung des Wasserdampfanteils von 9,6 Vol-% (Referenz) auf 12,3 Vol-% durchgeführt. Die Kalium- und Natriumbilanz ist im Anhang A 4 dargestellt. Die Zugabe des Wasserdampfs hat nur eine geringfügige Verschiebung der Spezies aus der Gas- in die Festphase zur Folge. Damit konnte der gemessene Trend der Alkalieinbindung mit steigendem Wasserdampfgehalt auch rechnerisch nachgewiesen werden.

5. 3. 2. 9. Fazit aus der thermodynamischen Gleichgewichtsberechnung

Kalium liegt im betrachteten Temperaturbereich hauptsächlich in alumosilikatischer Verbindung in fester Phase vor. Gasförmiges Kalium kommt in chloridischer Form in der Gasphase vor. Natrium geht bei hoher Temperatur in den meisten berechneten Fällen (Ausnahme ist die Addition von 4 Ma-% Tonerde) vollständig als Chlorid und in untergeordneten Maßen als Hydroxid in die Gasphase über. Der Vergleich der Messwerte mit den berechneten Werten zeigt für den Fall der reinen Steinkohleverbrennung für Kalium eine sehr gute Übereinstimmung. Die berechnete vollständige Natriumfreisetzung konnte experimentell nicht bestätigt werden. Die Erhöhung der Luftzahl, also ein höherer Sauerstoffpartialdruck während der Verbrennung, sorgte im Experiment für einen Anstieg der gasförmigen Alkalikonzentration. Dieser Anstieg konnte auch mit den Gleichgewichtsberechnungen nachgewiesen werden. Der quantitative Vergleich zeigt allerdings Differenzen. Die Berechnung des Gleichgewichts mit variierender Brennstoffzusammensetzung zeigte weitere Einflussparameter auf das Verhalten der Alkalien. Aufgrund des niedrigen Silizium- und Aluminiumgehalts der Braunkohle ist bereits bei niedrigen Temperaturen eine vollständige Freisetzung des Kaliums und Natriums in die Gasphase berechnet worden. Die Erhöhung des Si- und Al-Gehalts (Zugabe von Tonerde) führte, wie erwartet, bei hohen Temperaturen zu einer Einbindung gasförmiger Alkalien zu festen Alumosilikatverbindungen. Erhöht man im Eingangsdatensatz der Berechnung die Natriummenge (Zugabe von Na-Acetat), findet eine Verschiebung des Gleichgewichts zu festen, mineralischen Natriumverbindungen statt. Wie experimentell nachgewiesen, besitzt Chlor den größten Einfluss auf die Bildung von gasförmigen Alkalien. Der Vergleich zwischen Messwerten und berechneten Werten zeigt allerdings Diskrepanzen. Das berechnete

Gleichgewicht, welches sich bei extrem hoher Chlordosierung einstellt, konnte im Versuch nicht erreicht werden. Der im Versuch nachgewiesene Einfluss des Schwefels auf das chemische Verhalten der Alkalien im Rauchgas konnte rechnerisch nicht erfasst werden. Die Ergebnisse der chemischen Gleichgewichtsberechnung werden zu sehr von den Variationen der Cl, Si und Al-Konzentrationen bestimmt. Alkalischwefelverbindungen existieren in den thermochemischen Berechnungen nur bei niedrigen Temperaturen. Abschließend ist der Einfluss des Wasserdampfs auf die Einbindung untersucht worden. Es konnte mit Hilfe der thermodynamischen Gleichgewichtsberechnungen der gemessene Trend der Alkalieinbindung bestätigt werden.

Die Berechnung des thermodynamischen Gleichgewichts ist ein gutes Werkzeug zur Abschätzung des Verhaltens der Alkalikomponenten während des Verbrennungsprozesses bei unterschiedlichen Brennstoffzusammensetzungen. Eine exakte Wiedergabe der Verhältnisse ist allerdings nicht erreicht worden, so dass Verbrennungsversuche der verschiedensten Brennstoffe mit Einsatz spezieller Messtechnik zur Erfassung und Untersuchung der Alkalikomponenten im Rauchgas oder die Analyse der Flugaschen weiterhin notwendig sind. Die bei der Interpretation der experimentellen Ergebnisse verwendete Verhältniszahl, Chlor zu Alkalimetallen, und die daraus gewonnenen Aussagen zur Verteilung der Alkalien in der Gasphase auf chloridische oder hydroxidische Verbindung, konnte mit der Gleichgewichtsberechnung nachgewiesen werden. Vergleicht man die berechneten Ergebnisse für Steinkohle (Chlor ist stöchiometrisch vorhanden) mit denen der Braunkohle (Chlor ist unterstöchiometrisch vorhanden), kann man im Fall der Braunkohle von einer Zunahme der Alkalihydroxidverbindungen ausgehen.

5. 4. Vergleich der Ergebnisse der Extraktion, Versuch und Berechnung

Im letzten Schritt sollen die Ergebnisse der sequentiellen Extraktion, der Verbrennungsversuche und der thermodynamischen Gleichgewichtsberechnungen miteinander verglichen werden.

Aus der sequentiellen Extraktion ist der Anteil der „leichtflüchtigen“ Alkalimetalle im Brennstoff ermittelt worden. Mit der weiteren Annahme, dass der komplette Alkalimetallanteil des Brennstoffs in die Gasphase freigesetzt wird, wurde die maximal mögliche Gasphasenkonzentration berechnet. Diese Ergebnisse, für die maximale Gasphasenkonzentration, sind im Anhang A 5 tabellarisch aufgeführt. Daraus kann nach den Ergebnissen der Extraktionsversuche die theoretisch freisetzbare Menge, die Erwartungsmenge, berechnet werden. Der Vergleich zwischen der Erwartungsmenge und im Verbrennungsversuch gemessenen Menge ist im Folgenden für die Verbrennungsversuche mit der Stein- und Braunkohle dargestellt und bewertet.

5. 4. 1. Steinkohle

Aus der sequentiellen Extraktion (Summe aus: Wasser-, Ammoniumacetat- und HCl-Stufe) sind die nachfolgend genannten Werte für „leicht freisetzbares" Kalium und Natrium bekannt:

Kalium = $K_{extrakt}$ = 4, 7 %
Natrium = $Na_{extrakt}$ = 13, 3 %

Die Maximal freisetzbare Kalium- bzw. Natriummenge würde im Rauchgas folgende Konzentrationen ergeben:

Kalium, max = K_{max} = 82 vppm
Natrium, max = Na_{max} = 19 vppm

Daraus folgt die berechnete, theoretische Alkalikonzentration die bei der Verbrennung der hier eingesetzten Steinkohle zu erwarten wäre:

$K_{theoret.} = K_{extrakt}/100 * K_{max}$
$K_{theoret.} = 0,047 * 82$ vppm = 3,9 vppm

$Na_{theoret.} = Na_{extrakt}/100 * Na_{max}$
$Na_{theoret.} = 0,133 * 19$ vppm = 2,5 vppm

Mit der Annahme, dass hauptsächlich die schwach gebundenen, also leicht löslichen Alkalimetalle während des Verbrennungsprozesses in die Gasphase übergehen, kann man eine theoretische Gasphasenkonzentration für Kalium von 3,9 vppm und Natrium von 2,5 vppm errechnen.

Die Verbrennung der Steinkohle erfolgte im Versuch unter verschiedenen Bedingungen. Es wurden Reaktionsrohrtemperaturen, Verweilzeiten und die Luftzahl variiert. Die jeweiligen gemessenen Werte sind im Anhang A 2 tabellarisch aufgeführt. In Tabelle 16 sind die im Versuch gemessenen Konzentrationen mit der theoretisch berechneten Gasphasenkonzentration zusammengefasst.

Über den gesamten Temperaturbereich gesehen zeigt der Vergleich zwischen Messwert und berechneter theoretischer Konzentration eine sehr gute Einschätzung des zu erwartenden Potentials an gasförmigem Kalium während des Verbrennungsprozesses. Betrachtet man den Vergleich für Natrium, liegt er allerdings nur bei hohen Temperaturen im akzeptablen Erwartungsbereich.

Tabelle 16: Steinkohle: Abweichung des theoretisch ermittelten Wertes vom Messwert.

Temperatur [°C]	Luftzahl [-]	Messung K [vppm]	Messung Na [vppm]
1300	1,5	10,2	1,5
1300	1,3	7,9	1,3
1300	1,15	6,6	1,0
1200	1,15	4,6	0,7
1100	1,15	1,9	0,3
1000	1,15	1,8	0,1
	Mittelwert =	5,5 vppm	0,8 vppm
	Erwartungswert, theoretisch =	3,9 vppm	2,5 vppm

In Abbildung 45 sind die drei Werte, der im Verbrennungsversuch gemessene Wert „Messwert“, die theoretisch maximal mögliche Gasphasenkonzentration „Maximal“ und der aus der sequentiellen Extraktion ermittelte Erwartungswert „Berechnet“, dargestellt. Gut erkennbar ist hier für die Steinkohle, dass nur ein geringer Teil der Alkalikomponenten in die Gasphase übergeht. Geht man von Temperaturen im Feuerraum einer Staubfeuerung von über 1200°C aus, siehe Abbildung 8, bietet die zusätzliche Analysenmethode der sequentiellen Extraktion eine gute Abschätzung der zu erwartenden Gasphasenkonzentration von Natrium und Kalium bei der Feuerung des betrachteten Brennstoffs.

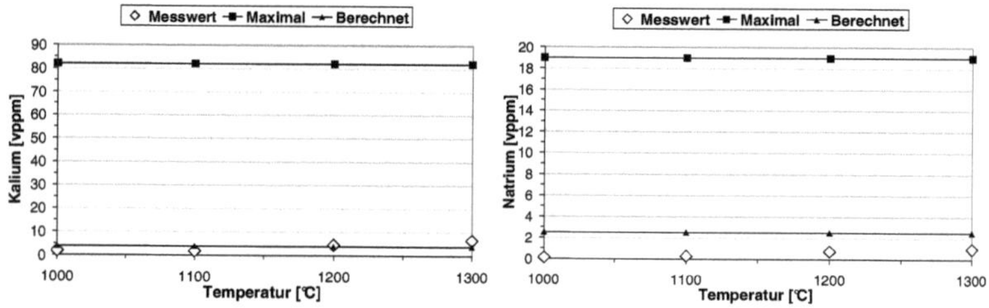

Abbildung 45: Steinkohle: Vergleich des berechneten mit dem gemessenen Wert in Relation mit dem theoretisch maximal möglichen Wert.

5. 4. 2. Braunkohle

Für die Braunkohle wird analog zur Steinkohle die theoretisch mögliche gasförmige Alkalimetallkonzentration im Rauchgas bestimmt.
Ergebnis der Sequentiellen Extraktion:

Kalium = $K_{extrakt}$ = 26 %

Natrium = $Na_{extrakt}$ = 32 %

Maximale, theoretisch freisetzbare Kalium- bzw. Natriummenge:

Kalium, max = K_{max} = 13,9 vppm

Natrium, max = Na_{max} = 20,7 vppm

Berechnete, theoretische Alkalikonzentration:

$K_{theoret.} = K_{extrakt}/100 * K_{max}$

$K_{theoret.} = 0,26 * 13,9 \text{ vppm} = \underline{3,6 \text{ vppm}}$

$Na_{theoret.} = Na_{extrakt}/100 * Na_{max}$

$Na_{theoret.} = 0,32 * 20,7 \text{ vppm} = \underline{6,6 \text{ vppm}}$

In Tabelle 17 sind die im Versuch gemessenen Konzentrationen mit der theoretisch berechneten Gasphasenkonzentration von Kalium und Natrium zusammengefasst.
Für Kalium findet man, wie im Fall der Steinkohle, eine gute Abschätzung der zu erwartenden gasförmigen Kaliumkonzentration wieder.

Tabelle 17: Braunkohle: Abweichung des theoretisch ermittelten Wertes vom Messwert.

Temperatur [°C]	Luftzahl [-]	Messung K [vppm]	Messung Na [vppm]
1300	1,5	4,8	0,5
1300	1,3	8,0	1,0
1300	1,15	6,2	0,7
1200	1,15	5,7	0,7
1100	1,15	3,2	0,5
1000	1,15	2,4	0,3
	Mittelwert =	5,1 vppm	0,6 vppm
Erwartungswert, theoretisch =		3,6 vppm	6,6 vppm

In Abbildung 46 ist deutlich die gute Übereinstimmung der gemessenen gasförmigen Kaliumkonzentration gegenüber der theoretisch ermittelten zu erkennen. Der Temperaturbereich einer Kohlenstaubfeuerung wird mit der Abschätzung der zu erwartenden gasförmigen Kaliumkonzentration gut getroffen. Natrium liegt im gesamten betrachteten Temperaturbereich weit unterhalb der theoretisch berechneten gasförmigen Konzentration.

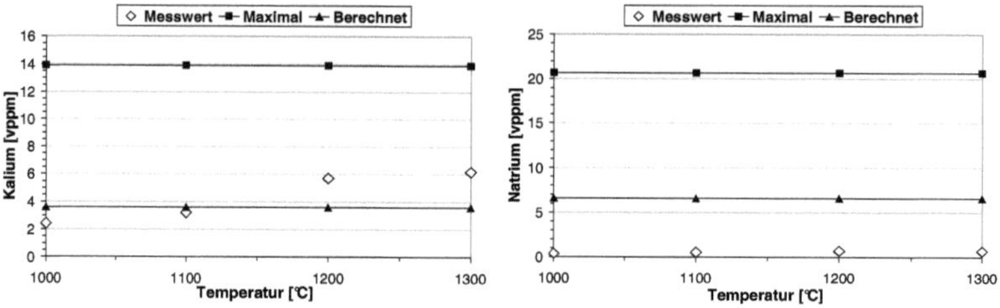

Abbildung 46: Braunkohle: Vergleich des berechneten mit dem gemessenen Wert in Relation mit dem theoretisch maximal möglichen Wert.

5. 5. Anwendungsorientierte Interpretation

Die Verbrennungsführung und die Auswahl der Brennstoffe bieten hohe Potentiale zur Minimierung der gasförmigen Alkalimetallkonzentration im Rauchgas an.

Die Verbrennungsführung:
Maßnahmen zur Minimierung gasförmiger Alkalispezies im Rauchgas der Feuerung:

- Vermeidung von Spitzentemperaturen. Ein ausgeglichenes Temperaturniveau möglichst unterhalb des Ascheschmelzpunktes sollte angestrebt werden. Weiterer positiver Effekt dieser Maßnahme ist die als Primärmaßnahme anzusehende Methode zur Vermeidung der thermischen NOx-Bildung.
- Die Luftzahl des Verbrennungsprozesses sollte so gering wie möglich eingestellt werden. Diese Maßnahme resultiert zusätzlich in einer Effizienzsteigerung des Kraftwerkes und der Minimierung von NOx-Konzentrationen im Abgas. Es gilt aber reduzierende, d. h. sauerstoffarme Wandatmosphären zu vermeiden, beispielsweise durch wandnahe Lufteindüsung im gefährdeten Wandbereich, da ansonsten mit starker Verschlackung und Korrosion zu rechnen ist.

Die Brennstoffauswahl:
Die gezielte Auswahl bzw. Mischung der Brennstoffe führt zu einem verbesserten Anlagenbetrieb durch die Verringerung von Betriebsproblemen.

Brennstoffauswahl / -mischung, Maßnahmen zur Minimierung gasförmiger Alkalispezies im Rauchgas der Feuerung:

- Brennstoffe oder Mischungen mit hoher Menge an sauren Aschebestandteilen (Si, Al). Das Base zu Säure Verhältnis, B/A-Verhältnis, der Aschebildenden Elemente für Steinkohle lag hier beispielsweise bei Werten von 0,34 bis 0,36. Je geringer das B/A-Verhältnis, also je höher die Menge der sauren Aschebestandteile, desto günstiger gestaltet sich die Einbindung der Alkalien in die feste Aschematrix.
- Erhöhung der Aschemenge im Prozess, beispielsweise durch Rückführung von Flugaschen.
- Vermeidung von hohen Chloreinträgen durch die Auswahl bzw. Mischung primärer Brennstoffe oder durch Zumischung von sekundären Brennstoffen mit geringen Chlorgehalten, wie beispielsweise Biomassen.

5. 6. Fehlerbetrachtung

Die Unsicherheit der gemessenen Alkalimetallkonzentrationswerte setzt sich aus statistischen Schwankungen und systematischen Fehlern zusammen. Statistische Fluktuationen, um einen sich bei konstanten Bedingungen einstellenden „wahren" Messwert, können durch die Erhöhung der Anzahl der zu einem Messpunkt gemittelten Einzelmessungen (in diesem Fall die Anzahl der Laserschüsse) verringert werden. Hier muss ein Kompromiss aus Messgenauigkeit und zeitlicher Auflösung gefunden werden. Es wurde eine Mittelung für einen Messwert von über 50 Laserschüssen und entsprechender Detektierung des Fluoreszenzsignals in einem Zeitintervall von 8 Sekunden gewählt. Die eigentliche Vermessung des Betriebspunktes (Temperatur-, Luftzahländerung, Änderung der Zusammensetzung usw.) verlief über einen Zeitraum von mindestens 10 Minuten, so dass ein Messwert aus insgesamt 75 Mittelungen à 50 Laserschüssen erfolgte. Die Standardabweichungen dazu sind im Anhang A 2 zu jedem Messwert angegeben.
Systematische Fehler werden zwangsläufig durch die Verwendung fehlerbehafteter Größen (Löschwerte der einzelnen Gasspezies, Erfassung der Rauchgaszusammensetzung, Berechnung der Laserenergie im Messvolumen usw.) für die Bestimmung der Absolutkonzentration eingetragen.
Aus den statistischen und systematischen Fehlern der Messungen mit dem ELIF System an Verbrennungsanlagen, wurde von GOTTWALD [78] ein Gesamtfehler von 30 - 35 % der

ermittelten Absolutkonzentration abgeschätzt. Die von CHADWICK [77] durchgeführten Messungen legen nahe, dass ab einer Konzentration von 20 vppm Selbstabsorption an Bedeutung gewinnt. Dieser Konzentrationsbereich ist in dieser Arbeit jedoch lediglich für Kalium während der Dosierung hoher HCl Mengen eingetreten und kann damit vernachlässigt werden.

Weitere Fehler hinsichtlich der gemessenen Werte sind während des Betriebs des Versuchsreaktors aufgetreten. Die Dosierung der Kohle erfolgte über eine drehzahlgeregelte Förderschnecke, die für die jeweilige Kohle täglich neu kalibriert wurde. Das Bestimmtheitsmaß R der Dosierkurve lag dabei immer über 99,5%. Die aufgenommen Messwerte für die Erstellung der Dosierkurve lagen somit fast exakt auf einer Geraden, so dass die Linearität des dosierten Kohlenmassenstroms über die benötigte Brennstoffmenge gewährleistet war. Weitere Ungenauigkeiten entstehen durch die notwendige Messung der Rauchgasbestandteile. Die Sauerstoffkonzentration im Abgas galt beispielsweise als Regelgröße für die in Abhängigkeit von der Luftzahl notwendige Verbrennungsluftmenge. Die kontinuierliche Entnahme der Gasprobe erfolgte über einen beheizten Messgasschlauch mit Entstaubung und Abkühlung vor Eintritt in den Analysator. KICHERER [95] gibt für solch eine extraktive Messkette einen mittleren Fehler für die Messgasentnahme, Konditionierung und Analyse von ± 3,4 % an.

Somit stellen die Dosierung des Brennstoffs und die Verbrennung mit der Leitgröße Restsauerstoff im Abgas gegenüber der Alkalimesstechnik den geringeren Fehler dar. Dementsprechend wird die Genauigkeit der aufgenommenen Messdaten der Alkalikonzentration im Wesentlichen von der Alkalimesstechnik beeinflusst und liegt im oben genannten Bereich.

6. Zusammenfassung

Der wachsende, weltweite Energiebedarf wird auch in naher Zukunft durch die Verbrennung von festen, fossilen Brennstoffen gewährleistet werden müssen. Aus diesem Grunde ist es notwendig, die Effizienz der Verbrennungsanlagen zu steigern und Betriebsprobleme zu minimieren bzw. diese zu beseitigen. Es wurde einleitend dargestellt, dass Alkalikomponenten als natürlicher Bestandteil des Brennstoffmineralanteils für wesentliche Betriebsprobleme verantwortlich sind. Eine umfassende praktische und theoretische Betrachtung des Verhaltens der Alkalimetalle Kalium und Natrium in Kohlenstaubfeuerungen lag bisher nicht vor. Die Auswertung spezifischer Literatur zu diesem Thema hat ergeben, dass bisherige Versuche nur unter definierten Laborbedingungen und nur in unzureichendem Maße unter realen Bedingungen einer Kohlenstaubfeuerung durchgeführt worden sind.

Aus diesem Grunde ist in dieser Arbeit für das System der Kohlenstaubfeuerung eine umfangreiche Untersuchung, theoretisch sowie experimentell, durchgeführt worden, um das Verhalten von gasförmigen Alkalien unter den verschiedenen Bedingungen der Kohlenstaubfeuerung zu erfassen.

Problematisch ist die messtechnische Erfassung gasförmiger Alkalimetallverbindungen im Rauchgas von Feuerungen. Die Herkömmliche, aber zeitaufwendige Methode, ist die nasschemische Analyse. Die on-line Analyse des Rauchgases auf seine Alkalimetallkonzentration ist bis heute kein Stand der Technik, konnte im Rahmen dieser Arbeit jedoch durchgeführt werden. Diese Messmethode mit sofortiger Visualisierung der Messdaten gasförmiger Alkalien ermöglichte es, ein breites Versuchsspektrum durchzuführen. Dazu wurde die Abhängigkeit des Verhaltens der gasförmigen Alkalien von der Temperatur, der Luftzahl, der Verweilzeit, der mineralischen Brennstoffzusammensetzung, dem Chlorgehalt, dem Schwefelgehalt und dem Wassergehalt untersucht. Durchgeführt wurde diese Versuchsmatrix unter den Bedingungen einer Kohlenstaubfeuerung an einem Versuchsreaktor.

Mit Hilfe der on-line Alkalimessung, der Verbrennungsexperimente am Versuchsreaktor und thermochemischer Gleichgewichtsberechnung konnte ein vollständiger und zusammenhängender Datensatz generiert und ausgewertet werden.

Der experimentelle Nachweis zum Verhalten der gasförmigen Alkalikomponenten hat grundsätzlich ergeben, dass das Reaktionsverhalten von Kalium und Natrium aufgrund der Zugehörigkeit zur gleichen Hauptgruppe im Periodensystem der Elemente gleich ist. Die absolute Gasphasenkonzentration des jeweiligen Elements wird hauptsächlich von der Menge und seiner Bindung im Brennstoff beeinflusst, wobei sich im Experiment sowie in den thermodynamischen Gleichgewichtsberechnungen gezeigt hat, dass Kalium eine größere Neigung zur Bildung fester, mineralischen Phasen und Natrium eine größere Neigung zur Flüchtigkeit in die Gasphase besitzt.

Es konnte eine ausgeprägte Abhängigkeit der gasförmigen Alkalimetallkonzentration von der Prozesstemperatur nachgewiesen werden. Eine Erhöhung der Temperatur führte zu höheren Alkalikonzentrationen im Rauchgas der Feuerung. Es konnte weiter nachgewiesen werden, dass im Bereich der Ascheschmelztemperatur eine verstärkte Freisetzung der gasförmigen Alkalien stattfand.

Der Einfluss der Verweilzeit konnte mit einer Abnahme der gasförmigen Alkalimetalle mit zunehmender Verweilzeit bestimmt werden. Dafür wurde die Reaktion von gasförmigen Alkalien mit Flugaschebestandteilen zu festen Mineralverbindungen verantwortlich gemacht, welche mit steigender Verweilzeit unterstützt wird. Weiterhin ist im betrachteten Verweilzeitbereich von 3 bis 5 Sekunden eine kontinuierliche Abnahme der gasförmigen Alkalifracht zu beobachten gewesen, woraus zu schließen ist, dass durch das Fehlen eines Messkurvenanstiegs im Anfangsbereich, die Freisetzung der Alkalien in die Gasphase bereits in der Frühphase (< 3 Sekunden) abgeschlossen ist. Da im betrachteten Verweilzeitbereich kein Abflachen der Messkurven zu beobachten war, kann man davon ausgehen, dass nach einer Verweilzeit von 5 Sekunden der Gleichgewichtszustand zwischen gasförmigen Alkalimetallspezies und fester Mineralphase nicht erreicht worden ist, also die Einbindungsreaktionen noch nicht abgeschlossen waren.

Die Erhöhung der Luftzahl des Verbrennungsprozesses wirkte sich auf eine Erhöhung der Konzentration gasförmiger Alkalispezies im Rauchgas aus. Ein erhöhtes Sauerstoffangebot führt zu heftigeren Verbrennungsreaktionen und lässt somit die Übertemperatur am Partikel steigen. Dieser Effekt führt dann letztendlich zu einer verstärkten Freisetzung der Alkalien aus dem Brennstoff.

Der Einfluss der mineralischen Zusammensetzung und die Menge der in der Kohle enthaltenen Asche konnte durch die Zugabe von Additiven (Tonerde) beeinflusst werden. Die Zugabe bewirkte zum einen den Anstieg des sauren Charakters der Kohlenbegleitmineralien (und damit den Anstieg seines Einbindungspotentials) und zum anderen bewirkte er einen erhöhten Ascheanteil, was mit einer höheren Flugaschekonzentration im Rauchgas einhergeht. Das führte zu einer Verringerung der gasförmigen Alkalimetallkonzentration bei ansteigender Additivmenge und Verweilzeit. Des Weiteren konnte nachgewiesen werden, dass entsprechend hohe Mineralstoffgehalte den Trend der Freisetzung bei steigender Temperatur umkehren kann. Das geschieht solange, bis ein Sättigungseffekt eintritt. Die Zugabe einer überproportional hohen Natriummenge führte mit ansteigender Verweilzeit nur zu einer geringen weiteren Einbindung gasförmiger Alkalien. Es wurde daraus eine Sättigung und dementsprechend eine Abnahme des Einbindungspotentials der umgebenden mineralischen Komponenten abgeleitet.

Die Zugabe von Chlor in den Verbrennungsprozess ließ das stöchiometrische Verhältnis von Chlor zu Alkalimetall ansteigen, welches sich in einer drastischen Erhöhung der gasförmigen Alkalikonzentration im Rauchgas auswirkte. Der in überstöchiometrischer Menge erhöhte Chloreintrag begünstigt damit, selbst im niedrigen Temperaturbereich, die Flüchtigkeit der Alkalikomponenten in die Gasphase. Es konnte nachgewiesen werden, dass der starke

Einfluss der Temperatur auf das Freisetzungsverhalten der Alkalikomponenten bei überstöchiometrischem Chloreintrag an Bedeutung verlor. Weiterhin war ein weiteres Ansteigen der Messkurven im betrachteten Verweilzeitbereich zu beobachten. Daraus wurde der Schluss gezogen, dass die freisetzungsbestimmte Reaktion zu höheren Verweilzeiten verschoben wurde und daraus resultierend die einbindungsbestimmte Reaktion verspätet ablief.

Der Einfluss des Schwefels konnte mit einer Abnahme der gasförmigen Alkalikonzentration im Rauchgas beobachtet werden. Es ist wahrscheinlich, dass sich aufgrund des hohen Schwefelüberschusses im Verbrennungsprozess gasförmige Alkalisulfate bilden konnten. Diese können allerdings nicht mit der hier gewählten Messtechnik nachgewiesen werden, so dass eine genaue Quantifizierung der Abnahme der Alkaligaskonzentration hier entfallen muss. Der Anstieg der Verweilzeit führte jedoch wieder zu einem Anstieg der messbaren, gasförmigen Alkalikonzentration. Das wurde als Umbildung sulfatischer in chloridische und damit messbare Alkaliverbindungen gedeutet.

Die Anwesenheit von zusätzlichem Wasserdampf im Reaktionsraum führte im niedrigen Temperaturbereich zu einer Abnahme der gasförmigen Alkalikonzentration, also zu einer verbesserten Einbindung. Bei höheren Temperaturen wirkte sich Wasserdampf bei Kalium nicht mehr ausgeprägt auf eine Einbindung in die feste, mineralische Phase aus. Das jedoch als flüchtigeres Element identifizierte Natrium wurde bei Erhöhung der Wasserdampfmenge im Verbrennungsprozess besser eingebunden.

Letztendlich ist Chlor als die Haupteinflusskomponente auf die freisetzungsbestimmte Reaktion identifiziert worden. Die Anwesenheit hoher Schwefelkonzentrationen führte wahrscheinlich erst zur Bildung gasförmiger Alkalisulfate, die dann in einem weiteren Zwischenschritt chloriert oder hydrolysiert wurden. Erst dann erfolgte die einbindungsbestimmte Reaktion in die feste, mineralische Matrix der Kohlenasche. Rückschließend wurde daraus gefolgert, dass die Einbindung von Alkalisulfaten in die mineralische Phase gehemmt ist und bevorzugt aus chloridischer bzw. hydroxidischer Bindung abläuft.

Der Einsatz der thermodynamischen Gleichgewichtsberechnung erwies sich als gutes Werkzeug zur Interpretation der experimentellen Alkalimesswerte. Teilweise wurde eine sehr gute Übereinstimmung zwischen den gemessenen und berechneten Werten gefunden. Es konnte mit Hilfe der Gleichgewichtsberechnungen die stärkere Neigung des Natriums zur Freisetzung in die Gasphase bestätigt werden. Alkalichlorid wurde für Kalium und Natrium als wesentliche Gasphasenspezies identifiziert. Der Einfluss der basischen Asche der Braunkohle auf eine verminderte Einbindung der Alkalimetalle konnte ebenfalls rechnerisch nachgewiesen werden. Die gemessenen Trends (Temperatur, Luftzahl, Aschezusammensetzung, Chlor- und Wasserdampfeinfluss) konnten mit der thermodynamischen Gleichgewichtsberechnung weitestgehend nachgestellt werden.

Zur weiteren Beurteilung des Verhaltens der Alkalimetalle Kalium und Natrium während des Verbrennungsprozesses ist eine zusätzliche Methode für die Brennstoffanalytik vorgeschlagen und durchgeführt worden. Die Methode der sequentiellen Extraktion bietet eine wertvolle Zusatzinformation im Zusammenhang mit der standardmäßigen Bestimmung der absoluten Kalium- und Natriummengen im Brennstoff. Die Annahme, dass die aus der Kohle mit den hier beschriebenen Extraktionsmitteln löslichen Alkalien während des Verbrennungsprozesses in die Gasphase übergehen, konnte bestätigt werden.

Damit ist es gelungen durch die Variation von Verbrennungs- und Brennstoffparametern das Verhalten der wesentlichen Alkalimetalle in der Kohle in einer Staubfeuerung zu beschreiben. Der Vergleich der experimentell gewonnen Erkenntnisse konnte durch die Simulation mit Hilfe der thermodynamischen Gleichgewichtsberechnung weitestgehend qualitativ und quantitativ bestätigt werden. Die Durchführung des zusätzlichen Analysenschrittes der sequentiellen Extraktion kann zur Abschätzung des Freisetzungspotentials der Alkalimetalle aus der eingesetzten Kohle empfohlen werden.

7. Ausblick

Hohes Potential zur noch detaillierteren Beschreibung des Gasphasenverhaltens der Alkalimetalle bietet die Weiterentwicklung der ELIF Messtechnik. Beispielsweise wird von Chadwick et al. [97] von der erfolgreichen Unterscheidung zwischen gasförmigen Alkalichloriden und –hydroxiden mit gleichem Messverfahren berichtet. Insbesondere das Verhalten der Alkalien aus Kohlen mit unterstöchiometrischem Chlorgehalt, wie in diesem Fall der hier eingesetzten Braunkohle, könnte mit der Möglichkeit der Unterscheidung zwischen Chlorid- und Hydroxidbindung besser untersucht werden. Weiterhin wird in der Literatur der Einsatz der Messtechnik zur Erfassung von gasförmigen Alkalisulfaten durch Einbringung höherer Laserenergien beschrieben [82]. Mit dieser Erweiterung des Messverfahrens ließe sich das Sulfatierungsverhalten gasförmiger Alkalien in schwefelreichen Feuerungen exakter untersuchen.

Ein weiterer Forschungsschwerpunkt bietet die Untersuchung des Einflusses der Verweilzeit durch die Entkopplung der beschriebenen versuchsanlagenspezifischen Zusammenhänge zwischen Verweilzeit und Rauchgastemperatur, sowie die Realisierung von flammennahen Messungen bei sehr kurzen (< 1 Sekunde) Verweilzeiten. Eine Modifikation der Messstelle am Versuchsreaktor durch eine leistungsstarke elektrische Zusatzbeheizung wäre denkbar. Kürzere Verweilzeiten wären durch die Ausrüstung der Anlage mit weiteren, der Flamme näher gelegenen, optischen Messebenen oder durch den Einsatz eines „verfahrbaren" Versuchsbrenners realisierbar. Dazu müssten weitere Daten zur Bestimmung der Quencheffizienzen (Bestimmung der Stoßlöschung) durch unverbranntes, wie beispielsweise CO und Kohlenwasserstoffverbindungen, für die hier eingesetzte Messtechnik ermittelt werden, um die Stoßlöschvorgänge mit den Rauchgasbestandteilen zu quantifizieren. Die exaktere Ermittlung der gasförmigen Alkalimetallkonzentration in Abhängigkeit von der Verweilzeit ließe dann die Berechnung kinetischer Daten zu.

Ein weiterer Forschungsschwerpunkt liegt in der Bestimmung, ab welcher Konzentration und zu welchen Bedingungen Gefährdungen von gasförmigen Alkalikonzentrationen im Hinblick auf Korrosion, Verschmutzung und Verschlackung ausgehen. Der gleichzeitige Einsatz der hier benutzten Messtechnik zur ständigen Kontrolle der gasförmigen Alkalikonzentrationen im Rauchgas und der Einsatz von Verschlackungs- und Korrosionssonden könnte Aufschluss zur Definition von zulässigen Grenzwerten liefern.

Der nächste Schritt wäre die Untersuchung des Verhaltens gasförmiger Alkalikomponenten in industriellen Kohlenstaubfeuerungen. Dazu bietet sich der Einsatz von robusteren Excimerlasersystemen mit kleineren Abmessungen und gleichen Leistungsdaten an. Der logistische und technische Aufwand der Bestimmung der gasförmigen Alkalikonzentration im Rauchgas industrieller Verbrennungssysteme würde dadurch verringert. Die hier genannten Vorschläge zu Minimierung der gasförmigen Alkalimetallkonzentration im industriellen

Prozess, wie z. B. die definierte Vormischung der Einsatzbrennstoffe oder die Rückführung von Flugasche, könnte dann überprüft und optimiert werden.

Die Erweiterung der Brennstoffanalyse um den zusätzlichen Analyseschritt der sequentiellen Extraktion steht die zeitaufwendige Durchführung im Wege. Ein hohes Verbesserungspotential des Analyseverfahrens hinsichtlich der Auswahl weiterer Extraktionsmittel, Temperatur während des Extraktionsvorgangs, Durchmischung, Extraktionszeit und Probenaufbereitung ist hier gegeben.

8. Literatur

1. Esso Energieprognose 2003. Herausgeber: ExxonMobil Central Europe Holding GmbH, Bereich Öffentlichkeitsarbeit, Kapstadtring 2, 22297 Hamburg.
2. Briese, D.; Pabsch, M.: Marktanalyse: Bis 2020 mindestens 45 Kraftwerksneubauten in Deutschland. Energiewirtschaftliche Tagesfragen, 54. Jg. Heft 1/2, pp. 72 – 75, 2004.
3. Energie Forum, „Stabilisierungsziel erreicht“: Brennstoff Wärme Kraft, Bd. 54, Nr. 7/8, S. 30 – 31, 2002.
4. Chen, Q.; Scheffknecht, G.: New boiler and piping materials design consideration for advanced cycle conditions. VGB Konferenz “Kraftwerke im Wettbewerb – Technik, Betrieb und Umwelt. Köln, 2003.
5. Schnell, U.: Wirkungsgradoptimierte Kraftwerkstechnologien zur Stromerzeugung aus fossilen Brennstoffen, Fortschrittberichte VDI, Reihe 6: Energietechnik, Nr. 389, Düsseldorf 1998. ISBN 3-18-338906-1
6. Ewers, J.; Klutz, H.-J., Renzenbrink, W., Scheffknecht, G.: Die Entwicklung der Vortrocknung und der BoA-Plus-Technik. VGB Konferenz “Kraftwerke im Wettbewerb – Technik, Betrieb und Umwelt. Köln, 2003.
7. Bartels, S.; Simon, S.; Tippkötter, T.; Wessel, B.: Intelligente Feuerraumreinigung für den optimierten und wirtschaftlichen Kraftwerksbetrieb. VGB Konferenz “Kraftwerke im Wettbewerb – Technik, Betrieb und Umwelt. Köln, 2003.
8. Schmidt, D.; Wintrich, H.: Wirkungsgraderhöhung von Feuerungen mit der Kombination aus Emissionsspektroskopie und moderner Videotechnik. In: VGB KraftwerksTechnik Nr. 1 pp. 77 – 82; 2000.
9. Zelkowski, J.: Kohleverbrennung – Brennstoff, Physik und Theorie, Technik. VGB – Kraftwerkstechnik GmbH, Essen, 1986.
10. Richter, S.: Numerische Simulation der Flugaschedeposition in kohlestaubgefeuerten Dampferzeugern. Dissertation Uni Stuttgart. Fortschritts-Berichte, VDI Reihe 6, Nr. 501, VDI-Verlag. Düsseldorf 2003. ISBN 3-18-350106-6
11. Heinzel, T.: Ascheseitige Probleme bei der Mitverbrennung von Biomasse in Kohlenstaubfeuerungen. Dissertation, Uni Stuttgart. Berichte aus der Energietechnik, Shaker Verlag, Aachen 2004. ISBN 3-8322-2632-X
12. Osborn G.A.: Review of sulphur and chlorine retention in coal-fired boiler deposits. In: Fuel, Vol. 71, February, pp. 131 – 142. 1992.
13. Neumann, J.; Kautz, H.R.: Auswertung der internationalen Literatur zur Hochtemperaturkorrosion in Kohle- und Müllkraftwerken. In: VGB Kraftwerkstechnik, 77, Heft 4, pp. 74 – 80, 1997.
14. Born, M.; Seifert, P.: Thermodynamische Berechnungen zur chlorinduzierten Korrosion an Heizflächen von Feuerungsanlagen. Schlussbericht der VGB-

Forschungsprojekte 145 und 153. Hrsg.: VGB, Technische Vereinigung der Großkraftwerksbetreiber e. V., Essen, 1997. ISSN 0937-0188

15. Steinberg, M.; Schofield, K.: The chemistry of sodium with sulfur in flames. In: Prog. Energy Combust. Sci., Vol. 16 pp. 311 – 317, 1990.
16. Schuhmacher, F.: Korrosion in Abfallverbrennungsanlagen. In: Brennstoff Wärme Kraft, Bd. 48, Nr. 11/12, pp. 74 – 80, 1996.
17. Thomé – Kosmiensky, K.J: Thermische Abfallbehandlung. 2. Auflage, Berlin, EF-Verlag für Energie- und Umwelttechnik, 1994. ISBN 3-924511-77-2.
18. Obernberger, I.: Ashes and particulate emissions from biomass combustion, Band 3. dbv-Verlag für die Technische Universität Graz, 1998. ISBN 3704102547.
19. van Loo, S.; Koppejan, J.: Handbook of biomass combustion and co-firing. Twente University Press, Enschede, 2002. ISBN 9036517737.
20. Hansen, L.A.; Frandsen, F.J.; Dam-Johansen, K.; Sörensen, H.S.; Skrifars B.J.: Characterisation of ashes and deposits from high temperature coal straw co-firing. In: Energy & Fuels, Vol. 13, pp. 803 – 816, 1999.
21. Spliethoff, H.: Verbrennung fester Brennstoffe zur Strom- und Wärmeerzeugung. Fortschritt-Berichte VDI, Reihe 6, Nr. 443. ISBN 3-18-344306-6; 2000.
22. Khodayari, R.: Selective catalytic reduction of NOx: Deactivation and regeneration studies and kinetic modelling of deactivation: Doctoral Dissertation, Department of chemical engineering II, Lund institute of technology, Sweden. ISBN 91-7874-122-X. 2001.
23. Chen, J.P.; Buzanowski, M.A.; Yang, R.T.; Cichanowicz, J.E.: Deactivation of the vanadia catalyst in the selective catalytic reduction process. In: J. Air Waste Manage. Assoc., Vol. 40, pp. 1403 – 1409, 1990.
24. Bulushev, D.A.; Rainone, F.; Kiwi-Minsker, L.; Renken, A.: Influence of potassium doping on the formation of vanadia species in V/Ti oxide catalysts. In: Langmuir, Vol. 17, pp. 5276 – 5282, 2001.
25. Geipel, H.; Gühmann, D.; Jacobs, J.; Rumpel, M.: Kohlekraftwerke der Zukunft: sauber und wirtschaftlich. Herausgeber: Bundesministerium für Wirtschaft und Technologie (BMWi), 1999.
26. Pintsch, S.; Gudenau, H.W.: Alkalienheißgasreinigung beim GuD-Prozess. In: VGB Kraftwerkstechnik 71, Heft 1, pp. 42 – 47, 1991.
27. Nagel, H.: Untersuchungen zum Emissionsverhalten und Wirkungsgradpotential von Druckwirbelschichtfeuerungen der ersten und zweiten Generation. Dissertation, Uni Stuttgart. In: Fortschritt Berichte VDI, Reihe 6 (Energietechnik), Nr. 484. ISBN 3-18-348406-4. 2002.
28. Hannes, K.; Neumann, F.; Thielen, W.; Pracht, M.: Kohlenstaub-Druckverbrennung, Entwicklungsstand und Anforderungen des Prozesses an die Verbrennungsführung. In: VGB Kraftwerkstechnik 77, Heft 5, pp. 393 – 400, 1997.

29. Baum, J.: Untersuchungen zum extern befeuerten Gasturbinenprozeß mit Hochtemperatur-Wärmeübertrager. In: Fortschritt Berichte VDI, Reihe 6 (Energietechnik), Nr. 456. ISBN 3-18-345606-0. 2001.
30. Lay, L.A.: Corrosion resistance of technical ceramics. Division of Materials Application, National Physical Laboratory, Teddington, Middlesex, England. ISBN 0 11 480051 0. 1983.
31. Coda, B.: Studies on ash behaviour during co-combustion of paper sludge in fluidised bed boilers. Dissertation, Institut für Verfahrenstechnik und Dampfkesselwesen, Uni Stuttgart, 2004.
32. Kochenburger, A.: Einsatz unterschiedlicher Kohlequalitäten in der Verbrennung. In: Brennstoff Wärme Kraft, BWK, Bd. 53, pp. 55 – 58, 2001.
33. Informationen der EnBW für Privatkunden. www.enbw.com
34. Meier, H.J.: Moderne Kohle- und Gaskraftwerke – Stand und Zukunftsperspektive. VGB Vortrag auf: Fachkongress Zukunftsenergien, Essen, Feb. 2004.
35. Klose, E.; Kuchling, T.; Born, M.: Brennstofftechnische Arbeitsmappe. Teil A: Feste Brennstoffe. TU Bergakademie Freiberg.
36. Brandt, F.: Brennstoffe und Verbrennungsrechnung. 3. Auflage Vulkan Verlag, Essen, 1999. ISBN 3-8027-5801-3.
37. French, R.J.; Milne, T.A.: Vapour phase release of alkali species in the combustion of biomass pyrolysis oils. In: Biomass and Bioenergy, Vol. 7, pp. 303 – 309, 1990.
38. Raask, E.: Mineral impurities in coal combustion Behaviour, problems and remedial measurements. Springer Verlag ISBN 3-540-13817-X; 1985.
39. Riedel, E.: Anorganische Chemie. 4. Auflage Verlag Walter de Gruyter, Berlin, New York 1999. ISBN 3-11-016602-X.
40. Wen, C.S; Cowell L.H.; Smit, F.J.; Boyd, J.D.; LeCren R.T.: Coal alkali retention in a slagging combustor. In: Fuel, Vol. 71, pp. 219 – 224, 1992.
41. Brinsmead, K.H.; Kear, R.W.: Behaviour of sodium chloride during the combustion of carbon. In: Fuel, Vol. 35, pp. 84 – 93, 1956.
42. Boow, J.: Sodium ash reactions in formation of fireside deposits in pulverised-fuel-fired boilers. Fuel, Vol. 51, pp. 170 – 173, 1972.
43. Neville, M.; Sarofim, A.F.: The fate of sodium during pulverised coal combustion. Fuel, Vol. 64, pp.384 – 390, 1985.
44. Wibberley, L.J.; Wall, T.F.: Alkali ash reactions and deposit formation in pulverised coal fired boilers: experimental aspects of sodium silicate formation and the formation of deposits. In: Fuel, Vol. 61, pp. 93 – 99, 1982.
45. Steffin, C.R.: Freisetzung und Einbindung von Alkalien bei der Verbrennung und Vergasung von Kohle unter Druck. Dissertation, Universität Essen, 1998. ISBN 3-8265-4582-6
46. Witthohn, A.: Freisetzung von Alkalien aus Kohlen und Kohlenaschen. Berichte des Forschungszentrums Jülich; 3738. ISSN 0944-2952, 2000.

47. Reichelt, T.: Freisetzung gasförmiger Alkaliverbindungen bei atmosphärischer und druckaufgeladener Verbrennung. Dissertation, Universität Stuttgart, VDI-Verlag Nr. 687, 2001. ISBN 3-18-368703-8.
48. Halstead, W.D.; Raask, E.: The behaviour of sulphur and chlorine compounds in pulverised coal fired boilers. Journal of the Institute of Fuel, pp. 344 – 349, Sept. 1969.
49. Wibberley L.J.; Wall, T.F.: Alkali-ash reactions and deposit formation in pulverised coal fired boilers: the thermodynamic aspects involving silica, sodium, sulphur and chlorine. Fuel, Vol. 61, pp. 87 – 92, 1982.
50. Starke, A.: Thermochemische Modellierung von Spurstoff- und Mineralstoffreaktionen in Kraftwerksfeuerungen. Dissertation, TU Bergakademie Freiberg, SIDAF Schriftenreihe, 2001. ISBN 3-934409-10-5.
51. Furimsky, E.; Zheng, L.: Quantification of chlorine and alkali emissions from fluid bed combustion of coal by equilibrium calculations. In: Fuel Processing Technology, Vol. 81, pp. 7 – 21, 2003.
52. Lee, S.H.D.; Caarls, E.L.: Measurement of alkali vapor concentration in PFBC flue gas. In: International Conference on Fluidised Bed Combustion, 1989.
53. Daijou, Y.; Suzuki, K.; Ishinomori, T.; Shigeta, J.; Yanagisawa, T., Tsumita, Y.: Alkali vapour measurement in the Wakamatsu PFBC Plant. In: 14th Conference on fluidised bed combustion, Volume 2, pp. 937 – 951, ASME 1997.
54. Latscha, H.P.; Klein, H.A.:Analytische Chemie. 2. Auflage, Springer Verlag, berlin, Heidelberg. ISBN 99534-X.
55. Hensel, J.P.; Goff, D.R.; Logan, R.G.; Pineault, R.; Romanosky, R.R.; Wachter J.K.: Real-time alkali monitor for process stream analysis. In: Rev. Sci. Instrum. 58, 1987.
56. Romey, I.F.W.; Garnish, J.; Bemtgen, J.M.: Diagnostic of alkali and heavy metal release. Joule Thermie Programm, Clean Technologies for solid fuels, European Comission. ISBN 3-00-002948-6, 1998.
57. Häyrinen, V.: Plasma excited atomic resonance line spectroscopy as a method for real time detection of alkali metals in combustion gases. PhD-Thesis, Tampere University of Technology, Publications 451, Finland, 2003.
58. Monkhouse, P.: On-line diagnostic methods for metal species in industrial process gas. In: Progress in Energy and Combustion Science, Vol. 28, pp. 331 – 381, 2002.
59. Davidsson, K.O.; Engvall, K.; Hagström, M.; Korsgren, J.G.; Lönn, B.; Pettersson, J.B.C.: A surface ionisation instrument for on-line measurements of alkali metal components in combustion: Instrument Description and Applications. In: Energy & Fuels, Vol. 16, pp. 1369 – 1377, 2002.
60. Schlosser, E.; Fernholz, T.; Teichert, H.; Ebert, V.; Wolfrum, J. Christmann, W.; Hourfar, D.: Hochtemperatur-In-Situ-Nachweis gasförmiger Spezies am Beispiel von atomaren Kalium. In: Druckflamm-Seminar, Tagungsband. Aachen, 2. 11. 2000.

61. Schlosser, E.; Wolfrum, J.; Ebert, V.: Diode laser based in-situ detection of alkali atoms: Development of a new method for detremination of residence time distribution in combustion plants. In: Applied Physics B, Vol. 75, No 2 – 3, pp. 237 – 247, 2002.
62. Persönliche Mitteilung: Vattenfall Utveckling AB, Älvkarleby, Schweden.
63. Henderson, P.; Kassman, H.; Andersson, C.: The use of fuel additves in wood and waste wood fired boilers to reduce corrosion and fouling problems. In: VGB Konferenz "Kraftwerke im Wettbewerb – Technik, Betrieb und Umwelt. Köln, 2003.
64. Hansen, L.A.; Michelsen, H.P.; Dam-Johansen, K.: Alkali metals in a coal and biomass fired CFBC – measurements and thermodynamic modelling. In: 13th Conference on fluidised bed combustion, pp. 39 – 48, ASME 1995.
65. Henderson, P.; Andersson, C.; Kassman, H.: The use of fuel additives in wood and waste wood-fired boilers to reduce corrosion and fouling problems. In: VGB PowerTech, pp. 58 – 62, 6/2004.
66. Storm, C.: NOx-Minderung mittels Reduktionsgasen aus festen biogenen Brennstoffen. Dissertation, IVD; Uni Stuttgart. Berichte des Instituts für Verfahrenstechnik und Dampfkesselwesen der Universität Stuttgart, Stuutgar 2003. ISBN 3-928123-50-5.
67. Lohmann, T.: Veredelungspotential von Braunkohlen wichtiger Förderregionen durch Demineralisierung. Studienarbeit an der Universität Dortmund, Prof. Strauss, 1998.
68. Finkelmann, R.B.; Palmer, C.A.; Krasnow, M.R.; Aruscavage, P.J.; Sellers, G.A.; Dulong, F.T.: Combustion and leaching behaviour of elements in the Argonne premium coal samples. In: Energy and Fuels, 4, pp. 755 – 766, 1990.
69. Zhang, J; Han, C.L.; Yan, Z.; Liu, K.; Xu, Y.; Sheng, C.D.: The varying characterisation of alkali metals (Na, K) from coal during the initial stage of coal combustion. In: Energy and Fuels, 15, pp. 786 – 793, 2001.
70. Hartinger, L.: Handbuch der Abwasser und Recycling Technik. Hanser Verlag. ISBN 3-446-15615-1.
71. Bale, C.W.; Pelton, A.D.; Thompson, W.T.: FactSage5.1; 2002. www.factsage.com
72. Warnatz, J.; Maas, U.: Technische Verbrennung. Springer Verlag Berlin, Heidelberg, 1993. ISBN 3-540-56183-8.
73. Atkins, P.W.: Physikalische Chemie. 2. Aufl., Weinheim. VCH Verlagsgesellschaft, 1996. ISBN 3-527-29275-6.
74. Yan, R.; Gauthier, D.; Flamant, G.; Badie, J.M.: Thermodynamic study of the behaviour of minor coal elements and their affinities to sulphur during coal combustion. In: Fuel 78, pp. 1817 – 1829, 1999.
75. Betriebsanleitung HOVACAL, Kalibriergasgenerator Typ: T2 HT. Ingenieurbüro für Analysen- und Sensortechnik. Dr. M. Schmäh, Frankfurt. 1999.
76. Buckley, S.G.; Sawyer, R.F.; Koshland, C.P.; Lucas, D.: Measurements of lead vapor and particulate in flames and post-flame gases. In: Combustion and Flame No. 128 pp. 435 446. 2002.

77. Chadwick, B.L.; Morrison, R.J.S.: Monte Carlo simulation of radiation trapping and quenching of photofragment fluorescence after 193 nm photolysis of NaCl. In: Journal of the Chemical Society – Faraday Transactions 91 (13), pp. 1931 – 1934, 1995.
78. Gottwald, U.: Quantitative Bestimmung der Alkalikonzentrationen im Abgas von technischen Kohleverbrennungsanlagen durch Excimerlaser-induzierte Fragmentierungsfluoreszenz-Spektroskopie (ELIF). Dissertation, Universität Heidelberg, 1999.
79. Hartinger, K.T: Berührungsfreie Bestimmung absoluter Konzentrationen von Alkaliverbindungen in Verbrennungsabgasen durch Excimerlaser induzierte Fragmentierungsfluoreszenz-Spektroskopie. Dissertation, Universität Heidelberg, 1994.
80. Helble, J.; Srinivasachar, S.; Boni, A. A.; Charon, O.; Modestino, A.: Measurement and Modeling of Vapor-Phase Sodium Chloride Formed During Pulverized Coal Combustion. In: Combust. Sci. and Tech., Vol. 61, pp. 193-205,1992.
81. Hartinger, K.T.; Nord, S.; Monkhouse, P.B.: Quenching of fluorescence from Na(3^2P) and K(4^2P) atoms following photodissociation of NaCl and KCl at 193 nm. In: Applied Physics B 64, 363-367, 1997.
82. Nunez, M.H.; Omenetto, N.: Experimental investigation of sodium emission following laser photofragmentation of different sodium-containing aerosols. In: Applied Spectroscopy, Vol. 55, No. 7, pp 809 – 815. 2001.
83. Höhne, D.: Alkalieinbindung aus heißem Rauchgas der Druckwirbelschichtverbrennung mittels Additiven. Dissertation an der Technischen Universität Bergakademie Freiberg, 1999.
84. Wei, X.; Lopez, C.; von Puttkamer, T.; Schnell, U.; Unterberger, S.; Hein, K.R.G.: Assessment of chlorine – alkali-mineral interactions during co-combustion of coal and straw. In: Energy & Fuels, pp. 1095 – 1108, 2002.
85. Effenberger, H.: Dampferzeugung. Springer Verlag, Berlin, Heidelberg. ISBN 3-540-64175-0. 2000.
86. Bachhiesel, M.; Tauschitz, J.; Zefferer, H.; Zellinger, G.: Untersuchungen zur thermischen Verwertung von Biomasse und heizwertreichen Abfallfraktionen als Sekundärbrennstoffe in Wärmekraftwerken. In: Schriftenreihe der Forschung im Verbund, Band 73. Hrsg.: Österreichische Elektrizitätswirtschafts-Aktiengesellschaft (Verbund), Wien. 2001.
87. UCOR, Utilisation of residues from biomass co-combustion in pulverised coal boilers. EU Projekt, Contract No.: NNE5/1999/366. Aschedatenbank. Erhältlich am IVD, Universität Stuttgart. 2003.
88. Risio, B.: Effizienz und Verlässlichkeit numerischer Vorhersagen zur rechnergestützten Optimierung von Großkraftwerksbrennkammern. Dissertation, Uni Stuttgart. VDI Verlag Düsseldorf, 2001. ISBN 3 18 347106 X.

89. Hilber, T.: Interner Bericht zur Versuchsplanung an der BTS (Verbrennungsreaktor). IVD, Uni Stuttgart, 2002.

90. Querol, X.; Fernandez-Turiel, J.L.; Lopez-Soler, A.: Trace elements in coal and their behaviour during combustion in a large power station. In: Fuel, Volume 74, Number 3, pp. 331 – 343. 1995.

91. Ehrler, F.; Schaber, K.: Spontane Kondensation. In: VDI-Wärmeatlas, Kapitel Je, 8. Auflage, Springer Verlag, 1997.

92. Senior, C.L.; Panagiotou, T.; Sarofim, A.F.; Helble, J.J.: Formation of ultra-fine particulate matter from pulverised coal combustion. In: Symposium Division Fuel Chemistry, American Chemical Society 45 (1), March. 2000.

93. Fitzer, E.; Fritz, W.; Emig, G.: Technische Chemie, Einführung in die Chemische Reaktionstechnik. Springer Verlag Berlin Heidelberg. 4 Aufl., 1995. ISBN 3-540-59311-X.

94. HSC 5.1 Chemistry for Windows: Chemical reaction and equilibrium software with extensive thermochemical database. Outokumpu Research Oy., Finland, 2002. ISBN 952-9507-08-9.

95. Kicherer A.: Biomasseverbrennung in Staubfeuerungen – technische Möglichkeiten und Schadstoffemissionen. Dissertation, Universität Stuttgart, 1995.

96. Tran, K.Q.; Iisa, K.; Steenari, B.M.; Lindqvist, O.: A kinetic study of gaseous alkali capture by kaolin in the fixed bed reactor equipped with an alkali detector. In: Fuel No. 84, pp. 169 – 175. 2005.

97. Chadwick, B.L.; Domazetis, G.; Morrison R.: Multiwavelength monitoring of photofragment fluorescence after 193 nm photolysis of NaCl and NaOH: Application to measuring the sodium species released from coal at high temperatures. In: Analytical Chemistry, Vol.67, No. 4, February 15. 1995.

Anhang

A 1. Speziesauswahl der thermodynamischen Gleichgewichtsberechnung

Gas

H(g)
H2(g)
C(g)
C2(g)
C3(g)
C4(g)
C5(g)
CH(g)
CH2(g)
CH3(g)
CH4(g)
C2H(g)
C2H2(g)
C2H4(g)
C2H5(g)
C2H6(g)
N(g)
N2(g)
N3(g)
NH(g)
NH2(g)
NH3(g)
HNNH(g)
N2H4(g)
CN(g)
C2N(g)
CNN(g)
CNN(g2)
(CN)2(g)
C4N2(g)
HCN(g)
C2H5N(g)
(CH3)2NH(g)
(CH3)2N2H2(g)
(CH3)2N2H2(g2)
O(g)
O2(g)
O3(g)
OH(g)
H2O(g)
HOO(g)
CO(g)
C2O(g)
CO2(g)
C3O2(g)
HCO(g)
H2CO(g)
C2H4O(g)
CH3CH2OH(g)
CH3CH2OH(g2)
NO(g)
N2O(g)
NO2(g)
NO3(g)
N2O3(g)
N2O4(g)
N2O5(g)
HNO(g)
HONO(g)
HONO(g2)
HONO2(g)
NCO(g)
HNCO(g)
CH3NO3(g)
CH3CH2ONO2(g)
Na(g)
Na2(g)
NaH(g)
NaCN(g)
(NaCN)2(g)
NaO(g)
NaOH(g)
(NaOH)2(g)
Mg(g)
MgH(g)
MgN(g)
MgO(g)
MgOH(g)
Mg(OH)2(g)
Al(g)
Al2(g)
AlH(g)
AlC(g)
AlN(g)
AlO(g)
AlO2(g)
Al2O(g)
(AlO)2(g)
AlOH(g)
AlOH(g2)
OAlOH(g)
Si(g)
Si2(g)
Si3(g)
SiH(g)
SiH4(g)
Si2H6(g)
SiC(g)
SiC2(g)
Si2C(g)
SiN(g)
Si2N(g)
SiO(g)
S(g)
S2(g)
S3(g)
S4(g)
S5(g)
S6(g)
S7(g)
S8(g)
HS(g)
H2S(g)
CS(g)
CS2(g)
C2H4S(g)
(CH3)2S(g)
(CH3)2S(g2)
CH3SSCH3(g)
NS(g)
CH3NCS(g)
SO(g)
SO2(g)
SO3(g)
SSO(g)
O2S(OH)2(g)
COS(g)
C2H4OS(g)
(CH3)2SO(g)
(CH3)2SO2(g)
Na2SO4(g)
MgS(g)
AlS(g)
Al2S2(g)
SiS(g)
Cl(g)
Cl2(g)
HCl(g)
CCl(g)
CCl2(g)
C2Cl2(g)
CCl3(g)
CCl4(g)
C2Cl4(g)
C2Cl6(g)
C6Cl6(g)
CHCl(g)
CH3Cl(g)
C2H5Cl(g)
CH2Cl2(g)
CH2CCl2(g)
CH2CCl2(g2)
CH2CCl2(g3)
CH3CHCl2(g)
CHCl3(g)
CHClCCl2(g)
CHCl2CH2Cl(g)
CHCl2CHCl2(g)
C2Cl5H(g)
ClCN(g)
ClO(g)
ClO2(g)
Cl2O(g)
HOCl(g)
COCl(g)
COCl2(g)
(CH3)2OHCl(g)
ONCl(g)
NO2Cl(g)
NaCl(g)
(NaCl)2(g)
MgCl(g)
MgCl2(g)
(MgCl2)2(g)
AlCl(g)
AlCl2(g)
AlCl3(g)
Al2Cl6(g)
OAlCl(g)
SiCl(g)
SiCl2(g)
SiCl3(g)
SiCl4(g)
SiH3Cl(g)
SiH2Cl2(g)
SiHCl3(g)
SiCH3Cl3(g)
SCl(g)
S2Cl(g)
SCl2(g)
SO2Cl2(g)
K(g)
K2(g)
KH(g)
KCN(g)
(KCN)2(g)
KO(g)
KOH(g)
(KOH)2(g)
K2SO4(g)
KCl(g)
(KCl)2(g)
Ca(g)
Ca2(g)
CaH(g)
CaO(g)
CaOH(g)
Ca(OH)2(g)
CaS(g)
CaCl(g)
CaCl2(g)
Fe(g)
FeO(g)
Fe(OH)2(g)
Fe(CO)5(g)
FeS(g)
FeCl(g)
FeCl2(g)
FeCl3(g)
(FeCl2)2(g)
(FeCl3)2(g)
FeAl2Cl8(g)

Liquid

NaCN(liq)
NaOH(liq)
Na2CO3(liq)
Mg(liq)
MgO(liq)
Al(liq)
Al2O3(liq)
NaAlO2(liq)
MgAl2O4(liq)
Si(liq)
SiO2(liq)
Mg2Si(liq)
Mg2SiO4(liq)
Na2S(liq)
Na2SO3(liq)
Na2SO4(liq)
NaCl(liq)
MgCl2(liq)
KCN(liq)
KOH(liq)
K2CO3(liq)
KAlO2(liq)
K2S(liq)
K2SO4(liq)
KAl(SO4)2(H2O)12(liq)
KCl(liq)
Ca(liq)
CaO(liq)
CaAl2(liq)
CaAl4(liq)
CaAl2O4(liq)
CaAl4O7(liq)
CaSO4(liq)
Fe(liq)
Fe3C(liq)
FeO(liq)
Fe3O4(liq)
Fe(CO)5(liq)
FeS(liq)
FeCl2(liq)

Solid

C(s)
C(s2)
NH4N3(s)
CNH(NH2)(NHCN)(s)
NH2CH2COOH(s)
NH2COONH4(s)
C2Na2(s)
NaCN(s)
NaO2(s)
NaOH(s)
NaOH(s2)
Na2CO3(s)
Na2CO3(s2)
Na2CO3(s3)
Na2CO3(H2O)10(s)
MgH2(s)
MgC2(s)
Mg2C3(s)
Mg3N2(s)
Mg3N2(s2)
Mg3N2(s3)
MgO(s)
MgCO3(H2O)3(s)
MgC2O4(H2O)2(s)
MgCO3(H2O)5(s)
Mg(NO3)2(H2O)6(s)
Al4C3(s)
AlN(s)
Al2O3(s)
Al2O3(s2)
Al2O3(s3)
Al2O3(s4)
Al(NO3)3(H2O)6(s)
NaAlO2(s)
NaAlO2(s2)
NaAl9O14(s)
Na2Al12O19(s)
Al8Mg5(s)
Al29Mg21(s)
MgAl2O4(s)
Si(s)
Si2H6(s)
SiC(s)
SiC(s2)
Si3N4(s)
SiO2(s2)
SiO2(s4)
SiO2(s6)
SiO2(s7)
SiO2(s8)
Mg2Si(s)
MgSiO3(s)
MgSiO3(s2)
MgSiO3(s3)
MgSiO3(s4)
MgSiO3(s5)
MgSiO3(s6)
MgSiO3(s7)
Mg2SiO4(s)
Mg2SiO4(s2)
Mg2SiO4(s3)
Mg3Si2O5(OH)4(s)
Mg3Si4O10(OH)2(s)
Mg7Si8O22(OH)2(s)
Al2SiO5(s)
Al2SiO5(s2)
Al2SiO5(s3)
(Al2O3)(SiO2)2(s)
Al6Si2O13(s)
Al2Si4O10(OH)2(s)
NaAlSiO4(s2)
NaAlSiO4(s3)
NaAlSiO4(s4)
NaAlSi3O8(s2)
Mg3Al2Si3O12(s)
Mg2Al4Si5O18(s)
Mg5Al2Si3O10(OH)8(s)
Mg2Al4Si5O18(H2O)(s)
Na2Mg3Al2Si8O22(OH)2(s)
(CH3)2SO2(s)
(NH4)2(SO4)(s)
(NH4)2SO4(NH3)3(s)
NH2CH2CH2SO3H(s)
Na2S(s)
Na2S3(s)
Na2S4(s)
Na2SO4(s)
Na2SO4(s2)
Na2SO4(H2O)10(s)
MgS(s)
MgSO4(s)
MgSO4(H2O)6(s)
MgSO4(H2O)7(s)
Al2S3(s)
Al2(SO4)3(H2O)6(s)
NH4Al(SO4)2(H2O)12(s)
(NH4)2O(Al2O3)3(SO3)4(H2O)6(s)
SiS2(s)
CH3NH3Cl(s)
NH4ClO4(s)
NH4ClO4(s2)
NaCl(s)
MgCl2(s)
MgCl2(H2O)6(s)
Mg(ClO4)2(H2O)6(s)
OAlCl(s)
AlCl3(H2O)6(s)
MgAl2Cl8(s)
KCN(s)
KOH(s)
KOH(s2)
K2CO3(s)
K2CO3(s2)
K4C2O6(H2O)3(s)
KAlO2(s)
KAlO2(s2)
KAl9O14(s)
KAlSiO4(s2)
KAlSi2O6(s2)
KAl3Si3O10(OH)2(s)
KAl7Si11O30(OH)6(s)
KMg3AlSi3O10(OH)2(s)
K2SO4(s)
K2SO4(s2)
KAl(SO4)2(H2O)12(s)
KCl(s)
Ca3N2(s)
CaO(s)
Ca(NO3)2(H2O)2(s)
Ca(NO3)2(H2O)3(s)
Ca(NO3)2(H2O)4(s)
CaMg2(s)
CaMg(CO3)2(s)
CaAl2(s)
CaAl4(s)
CaAl2O4(s)
CaAl4O7(s)
CaAl12O19(s)
Ca3Al2O6(s)
(CaO)3(Al2O3)(H2O)6(s)
(CaO)4(Al2O3)(H2O)13(s)
CaSi2(s)
Ca2Si(s)
CaSiO3(s)
CaSiO3(s2)
Ca2SiO4(s2)
Ca2SiO4(s3)
Ca3SiO5(s)
(CaO)4(SiO2)6(H2O)5(s)
(CaO)10(SiO2)12(H2O)11(s)
(CaO)10(SiO2)12(H2O)21(s)
(CaO)12(SiO2)6(H2O)7(s)
CaOMgOSiO2(s)
MgOCaOSi2O4(s)
MgOCa2O2Si2O4(s)
MgOCa3O3Si2O4(s)
Ca2Mg5Si8O22(OH)2(s)
CaAl2SiO6(s)
CaAl2Si2O8(s2)
Ca2Al2SiO7(s)
Ca3Al2Si3O12(s)
CaAl2Si2O7(OH)2(H2O)(s)
CaAl4Si2O10(OH)2(s)
CaAl14Si22O60(OH)12(s)
Ca2Al3Si3O12(OH)(s)
Ca2Al3Si3O12(OH)(s2)
(CaO)2(Al2O3)2(SiO2)8(H2O)7(s)
CaS(s)
CaSO4(s)
CaSO4(s2)
CaCl2(s)
CaCl2(H2O)6(s)
Ca(ClO4)2(H2O)4(s)
Fe(s)
Fe(s2)
FeO(s)
Fe2O3(s)
Fe2O3(s2)
Fe2O3(s3)
Fe3O4(s)
Fe3O4(s2)
Fe3O4(s3)
Fe3O4(s4)
FeCO3(s)
(MgO)(Fe2O3)(s)
FeAl3(s)
FeAl2O4(s)
Al2Fe2O6(s)
Fe3Si7(s)
FeSiO3(s)
FeSiO3(s2)
FeSiO3(s3)
(FeO)2(SiO2)(s2)
(FeO)2(SiO2)(s3)
Fe7Si8O22(OH)2(s)
Fe3Al2Si3O12(s)
FeS(s3)
Fe7S8(s)
FeSO4(s)
Fe2(SO4)3(s)
FeSO4(H2O)7(s)
FeCl2(s)
FeAl2Cl8(s)
KFe3AlSi3O10(OH)2(s)
Ca2Fe2O5(s)
CaFeSi2O6(s)
Ca2FeSi2O7(s)
Ca3Fe2Si3O12(s)

A 2. ELIF Messdaten der gasförmigen Alkalimetallkonzentrationen. Mittelwerte und Standardabweichungen

A 2. 1. Steinkohle

Temperatur [°C]	Luftzahl [-]	Verweilzeit [s]	K [vppm]	K sigma	Na [vppm]	Na sigma
1300	1,15	3	9,97	0,50	1,06	0,26
1300	1,15	4	5,78	0,58	1,12	0,33
1300	1,15	5	4,08	0,58	0,70	0,26
1300	1,3	3	10,25	1,43	1,83	0,47
1300	1,3	4	7,72	0,73	1,27	0,38
1300	1,3	5	5,84	0,61	0,84	0,27
1300	1,5	3	13,15	1,06	1,82	0,49
1300	1,5	4	9,58	1,28	1,50	0,39
1300	1,5	5	7,97	0,81	1,26	0,30
1200	1,15	3	6,56	0,82	1,05	0,26
1200	1,15	4	4,75	0,50	0,70	0,22
1200	1,15	5	2,51	0,31	0,42	0,14
1100	1,15	3	2,82	0,50	0,41	0,19
1100	1,15	4	2,70	0,34	0,25	0,13
1100	1,15	5	2,14	0,51	0,14	0,05
1000	1,15	3	2,85	0,71	0,16	0,05
1000	1,15	4	1,85	0,52	0,12	0,05
1000	1,15	5	0,72	0,15	0,05	0,01

A 2. 2. Braunkohle

Temperatur [°C]	Luftzahl [-]	Verweilzeit [s]	K [vppm]	K sigma	Na [vppm]	Na sigma
1300	1,15	3	6,80	1,10	0,77	0,16
1300	1,15	4	5,51	0,98	0,57	0,11
1300	1,15	5	5,10	1,06	0,49	0,16
1300	1,3	3	9,62	1,49	1,21	0,31
1300	1,3	4	8,75	1,44	0,95	0,23
1300	1,3	5	5,73	0,00	0,85	0,00
1300	1,5	3	5,47	0,93	0,69	0,13
1300	1,5	4	4,42	1,11	0,46	0,13
1300	1,5	5	4,60	1,05	0,40	0,13
1200	1,15	3	7,54	1,52	1,09	0,18
1200	1,15	4	5,46	1,10	0,61	0,17
1200	1,15	5	4,13	2,09	0,36	0,23
1100	1,15	3	3,91	1,14	0,70	0,18
1100	1,15	4	3,30	0,73	0,51	0,12
1100	1,15	5	2,33	0,75	0,34	0,12
1000	1,15	3	3,56	0,75	0,55	0,14
1000	1,15	4	2,49	0,54	0,35	0,08
1000	1,15	5	1,20	0,46	0,14	0,06

A 2. 3. Steinkohle + Tonerde

Additiv	Temperatur [°C]	Luftzahl [-]	Verweilzeit [s]	K [vppm]	K sigma	Na [vppm]	Na sigma
1 Ma-% Ton	1300	1,15	3	6,44	1,33	0,44	0,11
1 Ma-% Ton	1300	1,15	4	4,06	0,95	0,28	0,11
1 Ma-% Ton	1300	1,15	5	1,21	0,38	0,08	0,02
1 Ma-% Ton	1200	1,15	3	5,07	0,60	0,38	0,09
1 Ma-% Ton	1200	1,15	4	3,68	0,55	0,27	0,08
1 Ma-% Ton	1200	1,15	5	2,17	0,25	0,12	0,05
1 Ma-% Ton	1100	1,15	3	1,55	0,22	0,11	0,07
1 Ma-% Ton	1100	1,15	4	1,14	0,15	0,07	0,01
1 Ma-% Ton	1100	1,15	5	0,71	0,13	0,04	0,01
1 Ma-% Ton	1000	1,15	3	1,34	0,34	0,10	0,05
1 Ma-% Ton	1000	1,15	4	0,90	0,15	0,06	0,01
1 Ma-% Ton	1000	1,15	5	0,57	0,10	0,04	0,01
4 Ma-% Ton	1300	1,15	3	1,28	0,28	0,82	0,22
4 Ma-% Ton	1300	1,15	4	1,14	0,23	0,74	0,23
4 Ma-% Ton	1300	1,15	5	0,66	0,10	0,45	0,13
4 Ma-% Ton	1200	1,15	3	2,90	0,47	0,17	0,07
4 Ma-% Ton	1200	1,15	4	2,16	0,40	0,17	0,08
4 Ma-% Ton	1200	1,15	5	1,85	0,34	0,18	0,08
4 Ma-% Ton	1100	1,15	3	1,66	0,21	0,10	0,02
4 Ma-% Ton	1100	1,15	4	1,47	0,19	0,09	0,01
4 Ma-% Ton	1100	1,15	5	0,99	0,16	0,06	0,01
4 Ma-% Ton	1000	1,15	3	0,79	0,18	0,05	0,01
4 Ma-% Ton	1000	1,15	4	0,75	0,11	0,04	0,01
4 Ma-% Ton	1000	1,15	5	0,40	0,09	0,02	0,01

A 2. 4. Steinkohle + Natriumacetat

Additiv	Temperatur [°C]	Luftzahl [-]	Verweilzeit [s]	K [vppm]	K sigma	Na [vppm]	Na sigma
1 Ma-% NaAc	1300	1,15	3	1,84	0,65	1,58	0,07
1 Ma-% NaAc	1300	1,15	4	1,60	0,32	1,54	0,46
1 Ma-% NaAc	1300	1,15	5	1,16	0,26	1,25	0,30
1 Ma-% NaAc	1200	1,15	3	5,16	0,59	5,03	1,09
1 Ma-% NaAc	1200	1,15	4	3,50	0,54	2,49	0,99
1 Ma-% NaAc	1200	1,15	5	2,89	0,58	2,71	1,22
1 Ma-% NaAc	1100	1,15	3	1,33	0,20	1,23	0,25
1 Ma-% NaAc	1100	1,15	4	1,29	0,21	1,21	0,23
1 Ma-% NaAc	1100	1,15	5	1,11	0,23	0,99	0,23
1 Ma-% NaAc	1000	1,15	3	0,49	0,13	0,40	0,12
1 Ma-% NaAc	1000	1,15	4	0,54	0,11	0,44	0,11
1 Ma-% NaAc	1000	1,15	5	0,40	0,15	0,37	0,14

A 2. 5. Steinkohle + Gasphasenmodifikation

Additiv	Temperatur [°C]	Luftzahl [-]	Verweilzeit [s]	K [vppm]	K sigma	Na [vppm]	Na sigma
1-fach HCl	1300	1,15	3	15,50	0,86	1,11	0,26
1-fach HCl	1100	1,15	3	2,07	0,68	0,12	0,06
1-fach HCl	1200	1,15	3	9,69	1,27	0,62	0,19
1-fach HCl	1200	1,15	4	7,82	1,25	0,46	0,14
1-fach HCl	1200	1,15	5	4,74	1,53	0,32	0,16
2-fach HCl	1300	1,15	3	16,73	1,62	1,65	0,40
2-fach HCl	1100	1,15	3	14,59	0,93	0,92	0,19
2-fach HCl	1200	1,15	3	13,78	1,61	0,99	0,18
2-fach HCl	1200	1,15	4	25,23	2,51	1,58	0,28
2-fach HCl	1200	1,15	5	11,79	1,22	0,70	0,14
3-fach HCl	1300	1,15	3	21,38	3,09	2,31	0,45
3-fach HCl	1100	1,15	3	21,27	3,73	1,36	0,28
3-fach HCl	1200	1,15	3	17,67	1,64	1,27	0,23
3-fach HCl	1200	1,15	4	38,15	3,33	2,42	0,46
3-fach HCl	1200	1,15	5	16,98	2,08	1,06	0,22
4-fach HCl	1300	1,15	3	18,18	3,58	1,96	0,58
4-fach HCl	1100	1,15	3	24,81	4,02	1,57	0,32
4-fach HCl	1200	1,15	3	20,04	2,00	1,37	0,32
4-fach HCl	1200	1,15	4	71,07	8,04	4,90	0,87
4-fach HCl	1200	1,15	5	22,33	2,17	1,36	0,22
1-fach SO2	1300	1,15	3	15,50	0,86	1,11	0,26
1-fach SO2	1100	1,15	3	2,07	0,68	0,12	0,06
1-fach SO2	1200	1,15	3	9,69	1,27	0,62	0,19
1-fach SO2	1200	1,15	4	7,82	1,25	0,46	0,14
1-fach SO2	1200	1,15	5	4,74	1,53	0,32	0,16
2-fach SO2	1300	1,15	3	3,07	0,92	0,36	0,25
2-fach SO2	1100	1,15	3	4,96	0,88	0,32	0,10
2-fach SO2	1200	1,15	3	7,17	1,27	0,40	0,16
2-fach SO2	1200	1,15	4	5,68	1,09	0,39	0,15
2-fach SO2	1200	1,15	5	7,97	1,52	0,47	0,18
3-fach SO2	1300	1,15	3	0,30	0,06	0,04	0,02
3-fach SO2	1100	1,15	3	4,12	1,13	0,28	0,12
3-fach SO2	1200	1,15	3	5,85	1,26	0,38	0,14
3-fach SO2	1200	1,15	4	4,19	1,28	0,29	0,12
3-fach SO2	1200	1,15	5	7,84	1,57	0,49	0,19
4-fach SO2	1300	1,15	3	0,23	0,03	0,03	0,01
4-fach SO2	1100	1,15	3	2,59	0,73	0,18	0,08
4-fach SO2	1200	1,15	3	11,74	1,46	0,73	0,16
4-fach SO2	1200	1,15	4	3,02	0,98	0,23	0,12
4-fach SO2	1200	1,15	5	8,00	1,68	0,49	0,21
9,6 Vol-% H2O	1300	1,15	3	9,97	0,50	1,06	0,26
	1100	1,15	3	2,32	0,50	0,41	0,19
	1200	1,15	3	6,56	0,82	1,05	0,26
	1200	1,15	4	4,75	0,50	0,70	0,22
	1200	1,15	5	2,51	0,31	0,42	0,14
10,8 Vol-% H2O	1300	1,15	3	15,50	0,86	1,11	0,26
	1100	1,15	3	2,07	0,68	0,12	0,06
	1200	1,15	3	9,69	1,27	0,62	0,19
	1200	1,15	4	7,82	1,25	0,46	0,14
	1200	1,15	5	4,74	1,53	0,32	0,16
12,34 Vol-% H2O	1300	1,15	3	13,85	0,60	0,97	0,31
	1100	1,15	3	1,11	0,55	0,06	0,05
	1200	1,15	3	8,52	1,15	0,56	0,18
	1200	1,15	4	14,37	3,21	0,86	0,42
	1200	1,15	5	4,41	1,63	0,28	0,19
13,34 Vol-% H2O	1300	1,15	3				
	1100	1,15	3				
	1200	1,15	3				
	1200	1,15	4	10,95	3,19	0,67	0,27
	1200	1,15	5	1,85	0,53	0,13	0,05

Additiv [Vol-%]	Temperatur [°C]	Luftzahl [-]	Verweilzeit [s]	K [vppm]	K sigma	Na [vppm]	Na sigma
-	1300	1,15	3	15,50	0,86	1,11	0,26
	1100	1,15	3	2,07	0,68	0,12	0,06
	1200	1,15	3	9,69	1,27	0,62	0,19
	1200	1,15	4	7,82	1,25	0,46	0,14
	1200	1,15	5	4,74	1,53	0,32	0,16
2HCl-1,5SO2-11,5%H2O	1300	1,15	3	86,28	9,00	6,23	0,82
	1100	1,15	3	9,11	1,55	0,57	0,14
	1200	1,15	3	19,89	3,64	1,25	0,37
	1200	1,15	4	20,49	3,51	1,19	
	1200	1,15	5	9,31	3,42	0,61	0,32
1,5HCl-2SO2--11,5%H2O	1300	1,15	3	62,58	7,17	4,30	0,67
	1100	1,15	3	6,33	2,25	0,39	0,14
	1200	1,15	3	12,79	2,02	0,79	0,24
	1200	1,15	4	18,87	3,38	1,07	0,34
	1200	1,15	5	5,40	3,63	0,37	0,38
1,5HCl-1,5SO2-12,34%H2O	1300	1,15	3	28,07	2,67	1,71	0,22
	1100	1,15	3	3,31	0,85	0,20	0,07
	1200	1,15	3	13,67	1,81	0,82	0,24
	1200	1,15	4	20,71	4,47	1,22	0,36
	1200	1,15	5	6,68	1,21	0,40	0,10

A 3. Zusammensetzung der Brennstoffmischungen

	Zugabe: Tonerde			Natriumacetat
	0 Ma-%	1 Ma-%	4 Ma-%	1 Ma-%
C	74,38	73,64	71,42	73,93
H	4,87	4,83	4,72	4,86
O	10,72	10,68	10,57	10,91
N	1,20	1,19	1,15	1,19
S	0,78	0,77	0,75	0,77
Feuchte	1,48	1,48	1,48	1,47
Asche	6,39	7,23	9,74	6,70
Cl	0,18	0,18	0,17	0,18
Al2O3	1,75	1,98	2,68	1,82
SiO2	2,80	3,18	4,34	2,91
Fe2O3	0,86	0,97	1,27	0,90
CaO	0,36	0,40	0,52	0,37
K2O	0,19	0,22	0,29	0,20
Na2O	0,03	0,03	0,04	0,10
MgO	0,19	0,22	0,28	0,20
P2O5				
Rest	0,21	0,23	0,31	0,22

A 4. Thermodynamische Gleichgewichtsberechnung K und Na Bilanzen

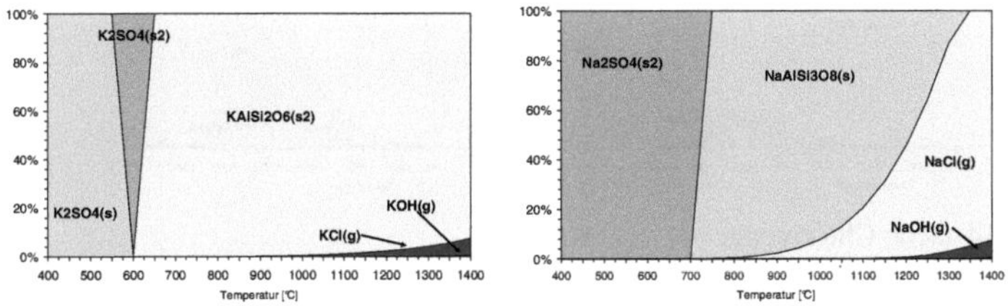

Steinkohle: Luftzahl 1,15

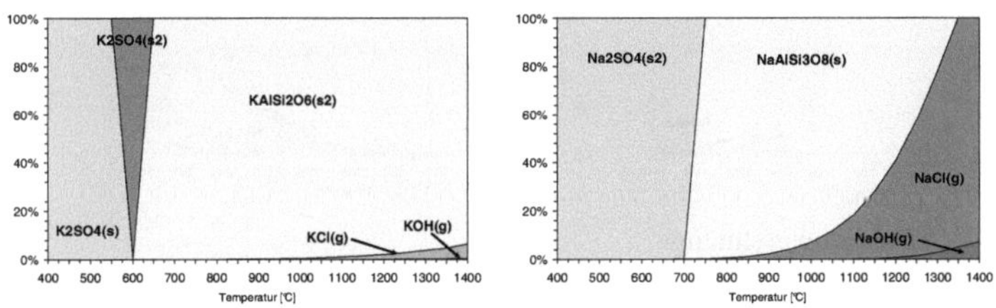

Steinkohle + 1 Ma-% Tonerde

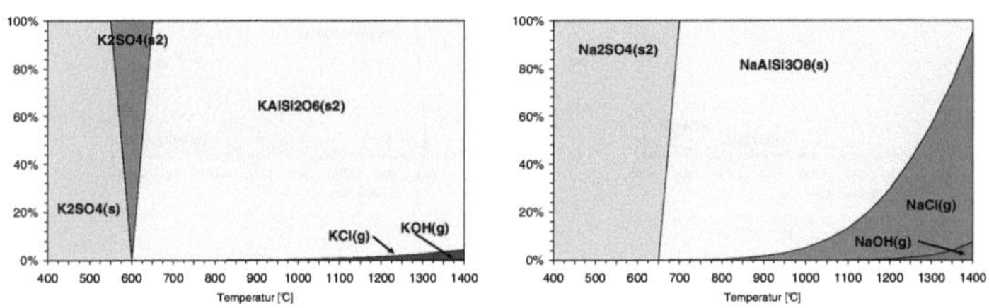

Steinkohle + 4 Ma-% Tonerde

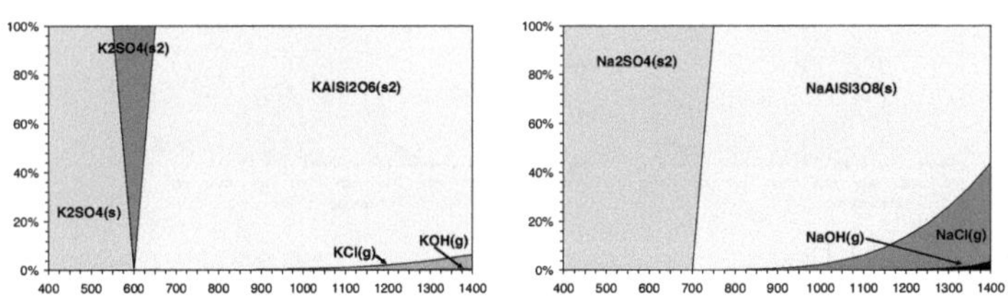

Steinkohle + 1 Ma-% Natriumacetat

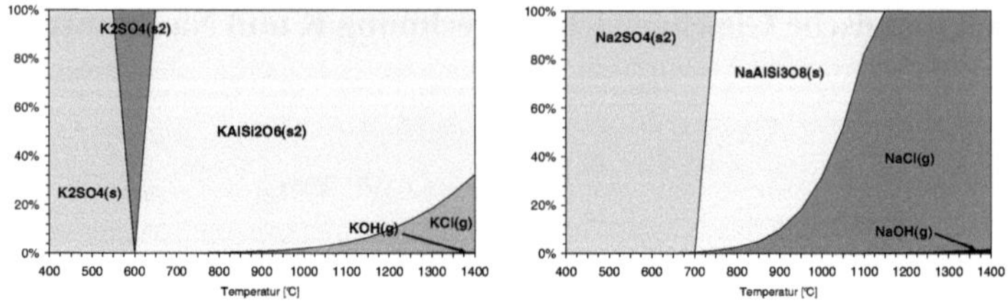

Steinkohle + 4-fache Chlormenge

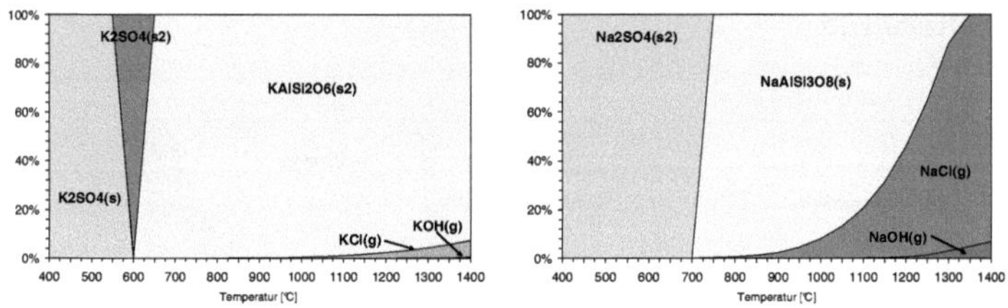

Steinkohle + 4-fache Schwefelmenge

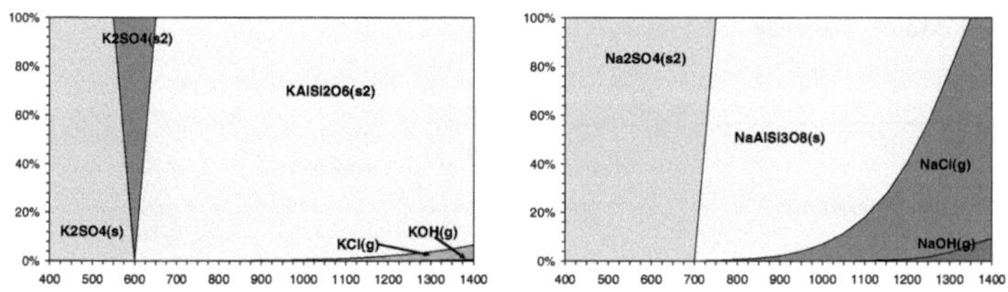

Steinkohle + Wasserdampf

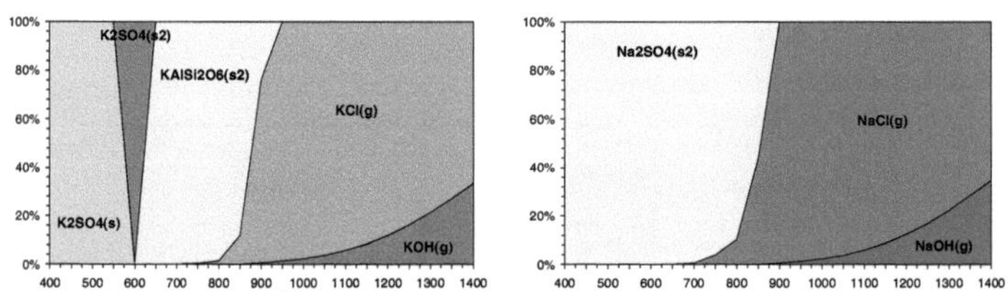

Braunkohle: Luftzahl 1,15

A 5. Thermodynamisches Gleichgewicht: Berechnete Werte

No.	Brennstoff	Luftzahl	Additiv	Alkalien im Brennstoff Kalium [mmol/kg_{Br}]	 Natrium [mmol/kg_{Br}]	Maximale Gasmenge Kalium [vppm]	 Natrium [vppm]
# 1	Steinkohle	1,15	-	40,70	9,28	82,0	18,7
# 2	Steinkohle	1,3	-	40,70	9,28	82,1	18,7
# 3	Steinkohle	1,5	-	40,70	9,28	81,9	18,7
# 4	Steinkohle	1,15	1 % Ton	45,93	10,42	93,6	21,2
# 5	Steinkohle	1,15	4 % Ton	61,44	13,73	128,9	28,8
# 6	Steinkohle	1,15	1 % Na-Acetat	42,28	31,27	85,9	63,5
# 7	Steinkohle	1,15	4 x HCl	40,70	9,28	82,1	18,7
# 8	Steinkohle	1,15	4 SO2	40,70	9,28	80,6	18,4
# 9	Steinkohle	1,15	12 % H2O	40,70	9,28	79,9	18,2
# 10	Braunkohle	1,15	-	5,36	7,98	13,9	20,7
# 11	Braunkohle	1,3	-	5,36	7,98	13,9	20,7
# 12	Braunkohle	1,5	-	5,36	7,98	13,9	20,7

Alkaligehalt der Brennstoffe und ihrer Mischungen, sowie die theoretisch maximal mögliche Gasphasenkonzentration.

No.	# 1		# 2		# 3		# 4		# 5		# 6	
Temperatur	K	Na	K	Na	K	Na	K	Na	K	Na	K	Na
[°C]	[vppm]	[vppm]	[vppm]	[vppm]	[vppm]	[vppm]	[vppm]	[vppm]	[vppm]	[vppm]	[vppm]	[vppm]
700	0,01	0,02	0,01	0,02	0,01	0,02	0,01	0,02	0,01	0,02	0,04	0,09
750	0,02	0,05	0,02	0,06	0,02	0,06	0,02	0,06	0,02	0,05	0,08	0,22
800	0,04	0,12	0,04	0,12	0,04	0,13	0,04	0,12	0,04	0,12	0,16	0,47
850	0,08	0,24	0,08	0,25	0,09	0,27	0,08	0,24	0,08	0,24	0,30	0,95
900	0,14	0,46	0,14	0,49	0,15	0,52	0,14	0,47	0,14	0,46	0,55	1,84
950	0,24	0,84	0,25	0,90	0,27	0,96	0,24	0,86	0,24	0,84	0,94	3,38
1000	0,39	1,47	0,41	1,56	0,44	1,66	0,39	1,49	0,39	1,46	1,55	5,88
1050	0,61	2,43	0,65	2,58	0,69	2,75	0,62	2,48	0,61	2,42	2,45	9,72
1100	0,93	3,85	0,98	4,07	1,05	4,33	0,93	3,92	0,93	3,83	3,72	15,37
1150	1,36	5,85	1,44	6,17	1,52	6,55	1,36	5,95	1,36	5,82	5,48	18,70
1200	1,92	8,54	2,02	8,98	2,14	9,51	1,92	8,68	1,92	8,49	7,91	18,71
1250	2,62	12,00	2,74	12,58	2,89	13,28	2,62	12,20	2,61	11,93	11,10	18,71
1300	3,45	16,30	3,61	17,04	3,79	17,91	3,46	16,56	3,45	16,21	15,20	18,70
1350	4,56	18,70	4,80	18,71	5,09	18,65	4,47	21,20	4,43	21,34	20,32	18,70
1400	6,08	18,70	6,39	18,71	6,76	18,61	5,96	21,16	5,55	27,38	26,59	18,69

No.	# 7		# 8		# 9		# 10		# 11		# 12	
Temperatur	K	Na	K	Na	K	Na	K	Na	K	Na	K	Na
[°C]	[vppm]	[vppm]	[vppm]	[vppm]	[vppm]	[vppm]	[vppm]	[vppm]	[vppm]	[vppm]	[vppm]	[vppm]
700	0,01	0,01	0,01	0,02	0,01	0,02	0,03	0,13	0,03	0,14	0,03	0,15
750	0,02	0,05	0,02	0,05	0,02	0,06	0,06	0,80	0,06	0,81	0,07	0,87
800	0,04	0,12	0,03	0,10	0,04	0,12	0,19	2,14	0,18	2,15	0,19	2,29
850	0,07	0,24	0,06	0,20	0,08	0,24	1,69	9,04	1,61	9,02	1,68	9,52
900	0,14	0,46	0,11	0,39	0,14	0,46	10,44	20,29	9,96	20,20	10,33	20,22
950	0,23	0,84	0,20	0,71	0,24	0,85	13,63	20,39	13,61	20,36	13,63	20,40
1000	0,39	1,46	0,33	1,24	0,39	1,48	13,79	20,60	13,74	20,54	13,76	20,57
1050	0,61	2,41	0,52	2,06	0,61	2,45	13,90	20,75	13,86	20,70	13,89	20,74
1100	0,92	3,82	0,79	3,27	0,93	3,88	13,92	20,78	13,89	20,73	13,91	20,77
1150	1,35	5,79	1,16	4,99	1,36	5,88	13,95	20,80	13,92	20,76	13,94	20,80
1200	1,90	8,45	1,65	7,33	1,92	8,58	13,95	20,80	13,93	20,76	13,95	20,80
1250	2,59	11,87	2,26	10,39	2,62	12,06	13,95	20,78	13,93	20,75	13,95	20,78
1300	3,41	16,11	3,02	14,26	3,45	16,38	13,95	20,74	13,92	20,70	13,95	20,74
1350	4,52	18,34	3,96	18,19	4,43	21,56	13,93	20,66	13,91	20,63	13,94	20,67
1400	6,02	18,30	5,33	18,15	5,54	27,65	13,91	20,52	13,89	20,50	13,91	20,54

Berechnete Konzentration gasförmiger Alkalien in Abhängigkeit der Temperatur.